智元微库
OPEN MIND

成 长 也 是 一 种 美 好

WILLPOWER

意志力红利

让你说到做到的底层逻辑

高太爷 著

人民邮电出版社

北京

图书在版编目（ＣＩＰ）数据

意志力红利：让你说到做到的底层逻辑 / 高太爷著
. -- 北京：人民邮电出版社，2021.7（2023.3重印）
ISBN 978-7-115-56627-0

Ⅰ. ①意… Ⅱ. ①高… Ⅲ. ①意志－能力培养－通俗
读物 Ⅳ. ①B848.4-49

中国版本图书馆CIP数据核字 (2021) 第099107号

◆ 著 高太爷
责任编辑 陈素然
责任印制 周昇亮
◆人民邮电出版社出版发行 北京市丰台区成寿寺路 11 号
邮编 100164 电子邮件 315@ptpress.com.cn
网址 https://www.ptpress.com.cn
三河市中晟雅豪印务有限公司印刷
◆ 开本：880×1230 1/32
印张：8.75 2021 年 7 月第 1 版
字数：150 千字 2023 年 3 月河北第 6 次印刷

定 价：59.80 元
读者服务热线：（010）81055522 印装质量热线：（010）81055316
反盗版热线：（010）81055315
广告经营许可证：京东市监广登字 20170147 号

为什么要研究意志力 ————

我很早就涉猎意志力领域，主要以兴趣为主，但自 2018 年 5 月起到现在，整整 3 年的时间，我一门心思投身于意志力的研究，为此付出的代价不仅仅是 3 年的时间、3 年的努力，还有整整 3 年的商业收益。

我是一个心理学领域的自媒体人，3 年前公众号粉丝已近 20 万，文章阅读量超 2 万，轻松年入百万元，而现在，头条阅读量骤降到原来的 1/3（7000 左右），也没有去做商业变现，因为这 3 年来，意志力方面的研究几乎锁住了我全部的心神，使我根本无力兼顾这些。

研究意志力，从现实角度看，是一个非常不明智的选择，但它是我最坚定的选择。在做这个决定的同时，我也做了另外一个重大决定，即从稳定的平台辞职、自主创业。

要读万卷书，更要行万里路，我立志做一个心理学的践行者。

一直以来，我的人生都非常顺利：顺利地考上大学，读研究生，毕业后进入稳定的大平台；在工作之余，还发展了一份令人羡慕的副业，成为一个拥有几十万粉丝的心理学"大V"。

然而，在2017年年底，在我人生取得不小的成就时，面对工作、情感、事业等多方面的压力，我被打倒了、抑郁了。

作为一个心理学大V，我学了一堆心理学知识和理论，却陷入抑郁，没有比这更讽刺的了。

经过4个多月的调整，2018年5月，我走出了抑郁的状态，同时明白了一个最深刻的道理：我引以为傲的自媒体式快速成长，也就是通过输出倒逼输入、以教促学，这种成长方式有很大的缺陷。

这样的成长看似很快，却是虚幻的，是没有生命力的，在真正的挫折和打击面前不堪一击。寄希望于这种成长方式，不管读再多书、写再多深度文章，我也只能成为赵括、马谡之流，坐而论道、夸夸其谈尚可，在真正的实战面前，只会一败涂地。

要想在心理学领域真正有所建树、真正有所成就，只是躲在稳定的大平台后面，依靠自媒体平台去成长提升是不够的。我需要在实践中成长，在实践中拼搏，真正地经历、真正地体验、真正地克服困难、真正地在事上磨心！

所以，我毅然决定辞职，离开稳定平台的庇护，去接受现实大熔炉的锻造，去真正经历一番风雨。

显而易见，这条路极艰辛、极难走，需要强大的心理保障，所以，在现实的商业利益与长期的心理成长之间，我果断选择投身于意志力的研究。

3 年来，我在意志力方面的研究成果陆续展现。

2019 年 7 月，我将自己对意志力的研究成果整合，组织了第一期意志力训练营，记得当时的文案是"难产 14 个月，高太爷终于开训练营了"，这是意志力训练 1.0 版本，效果很好，一经推出，就受到上千名学员的欢迎。通过观察众多学员的学习和实践，我也收集了很多反馈意见和建议。

之后，我又沉寂了 9 个月，对训练营内容做了迭代。2020 年 6 月，我发出了第二期训练营的文案："9 个月、270

天，意志力训练营 2.0 版终于迭代出来了"，经过 9 个月的潜心打磨，意志力的框架理论和学员的整体反馈都非常好，我终于有了自信，决定出一本意志力方面的书。

这本书从 2020 年 8 月开始筹备，至今已有 10 个月的时间。写书不同于做训练营，需要追求极致的严谨性和科学性。于是我对意志力相关的概念做了大量的考证。这个过程让我再一次精炼了意志力的概念和理解。可以说，这本书是意志力 3.0 版本。

研究意志力是一个内外滋养的过程。经过整整 3 年的全身心投入，我逐渐变成一个内心强大的人，一个说到做到的人，一个能主动支配自己人生的人，一个越来越能掌握自己命运的人！

很自私地讲，我研究意志力的初衷、做训练营的初衷，甚至写这本书的初衷，都只是让自己更好地掌握意志力，让自己拥有更强大的意志力，好用意志力为自己的梦想保驾护航，所以，全身心投入研究意志力，与其说是帮助大家解决意志力方面的痛点与难题，倒不如说它是我送给自己的礼物，一份人生逐梦路上的宝贵礼物。

但这又不完全是送给自己的礼物，正如我曾经在文章《我有一个野心》中对"我到底想要做什么"这个问题的回答：

> 我要做一个实干家，
>
> 践行并分享普通人的成长之道，
>
> 践行并分享普通人的精英之道，
>
> 成为一个精神丰满、物质丰满的英才！

这里的"成长"，指的是对内的修炼，是一个人了解自己、了解人性，以及在此基础上的持续成长、持续完善，从而将自己变成一个对的人，这本质上是"认识自己、改变自己"的过程。

这里的"精英"，指的是对外的修炼，是一个人持续探索世界的底层逻辑，如做人、做事的逻辑，财富的逻辑，创业的逻辑等，从而将自己变成一个智慧而强大的人，一个掌握世界底层规律的人，一个能够主动改变现实、乃至改变世界的人，这本质上是"认识现实、改变现实"的过程。

所以，这本书既是送给我自己的礼物，更是送给大家的礼物。希望我的实践不仅能够帮到我，更能够帮到你。

是为序。

下篇

意志力高手的逻辑

意志力究竟有什么红利 ———

在开始介绍意志力红利之前，我想先问大家一个问题：什么是意志力？

这似乎是一个非常简单的问题，每个人都能脱口而出，但当我们真的认真思考的时候，似乎又说不上来。

我曾就这个问题问了很多人，每个人的回答都不太一样，自控、坚韧、坚持、知行合一等，意志力似乎无所不包，但偏偏又很难说清楚。

到底什么是意志力？在探究意志力红利之前，我们必须先搞清楚它，搞清楚这个似乎显而易见，但又说不清、道不明的问题。

一、什么是意志力

　　什么是意志力？我查阅了我所能找到的心理学图书、论文、教材，发现意志力只是我们约定俗成的称谓，并非严谨的科学概念。

　　但这个探究的过程并非徒劳，在探究意志力概念的过程中，我反而对人的心理有了更为深刻的理解。

　　心理学专业的人都知道，我们所有的心理活动分为知、情、意3个过程，也就是认知过程、情绪（情感）过程及意志过程。

　　认知过程，是我们认识事物的过程；情绪（情感）过程，是我们处理与事物关系的过程（正是与各种事物的不同关系，引发了我们不同的情绪，以及随之而来的各种体验）；意志过程，是我们的心理对行为的主动支配过程。这3个过程组成了我们所有的心理活动。所以，如果我们具备处理好这三个过程的能力，就能妥善处理各种事情、应对各种挫折和挑战，自然也就更容易成功。

　　这在现在看来是非常简单的道理，但发现这个道理的过程却极为漫长。

20 世纪初，人们意识到了认知过程的巨大价值，认知素质（认知过程中的综合素质）的重要性被凸显，随之而来的智商（衡量认知素质的指标）概念迅速引起广泛关注，不管是学术界的研究，还是具体的生活实践，人们都对智商概念抱有极大的兴趣，都在思考如何评估、测量、提升一个人的智商，从而使其更好地在社会生活中取得成功。

随着智商概念的普及和深入，智商对一个人成功的预测效力开始受到质疑，但毫无疑问，智商仍是预测一个人成功可能性最重要的因素。直到 20 世纪 90 年代，美国著名心理学家丹尼尔·戈尔曼所著的《情商》一书畅销，情商（反映情绪过程的综合素质）概念迅速走红，情商成了预测一个人成功可能性的核心要素，甚至有观点指出，一个人的成功取决于 20% 的智商 +80% 的情商。

毫无疑问这个论断是非常偏颇的，但可以看到我们对找到一个新的预测成功的核心要素的兴奋，并将情商当成预测一个人成功的关键指标，但很显然，不管智商、情商多么引人关注、多么重要，我们都应该理性地看到，它们只代表我

们三大心理过程的其中两个而已，除此之外还有一个关键的
过程，即意志过程。

　　意志过程在心理学中的定义是：所谓意志，是指一个人
有意识地确立目标，调节和支配行动，并通过克服困难和挫
折，实现预定目标的心理过程。这是对意志过程的完整描述，
反映的其实是心理对行为的主动支配过程，显而易见，意志
过程是人发挥主观能动性的过程，是一个人改变自己、改变
现实的过程，是人之所以为人的核心之一，是人性最精华的
部分之一。

　　与认知素质、情绪素质一样，我们似乎也可以构造一个
新词——意商，来衡量我们的意志素质，反映我们心理对行
为的支配能力。

　　但其实大可不必，因为心理对行为的支配能力，正是我
们约定俗成的对意志力的理解，所以，关于意志素质，我们
不用构造新词，用"意志力"一词即可。

　　所以，意志力本质上就是我们处理意志过程的素质，反
映的是心理对行为的主动支配能力。

二、什么是意志力红利

当我们看清楚意志力本质上是指一个人处理意志过程的综合素质（意商），反映的是心理对行为的主动支配能力，那么意志力的底层红利也就显而易见了。

意志力与智商、情商一样，是对人有深刻影响的底层素质，甚至是一种更为重要的品质，就如同美国佛罗里达州立大学心理学教授罗伊·鲍迈斯特在其著作《意志力》中所论述的：智力和自制力最能预示成功，到目前为止，研究者仍然不知道如何永久性地提升智力，但是他们发现了提高自制力的方法。研究意志力和自我控制，是心理学家最有希望为人类幸福做出贡献的地方。无独有偶，北京师范大学心理学教授陈会昌，通过对 200 个孩子长达 20 年的跟踪研究发现，主动性和自控力是一个孩子能够健康、理想发展的两个最重要的指标。

不管是自制力还是主动性，本质上都是在描述意志力的不同侧面，可见，意志力对一个人的成功发挥着核心关键作用。

　　意志力非常重要，非常关键，但相比另外两个星光璀璨的主角——智商（认知素质）和情商（情绪素质），它不仅不够璀璨，甚至根本就不曾出现在我们的心智舞台上。

　　我们看看意志力的现状。在知网上搜索"意志""意志力"，以之为主题的论文仅1000多篇，而搜索"认知""情绪"，相关论文多达几万篇，甚至几十万篇。同样重要的素质，却有着完全不同的境遇。

　　限于科学发展的水平及意志力研究的现状，意志力这一概念被严谨的学术界忽视了，这也导致意志力在日常生活中的重要性被大大削弱，完全没有得到应有的重视。

　　就如同另一个重要概念"情商"。情绪素质对一个人的重要价值，一直以来也是被忽略的，直到20世纪后期，学术界开始重视对情绪的研究，才由此带来情商概念的推广和普及，我们才在日常生活中真正接受了情商的价值，并致力于提升管理情绪的能力和素质。

　　这就是科学的影响，一言以废，一言以立。在现今时代，意志力还处于科学的边缘，并没有得到应有的重视，但即使如此，有限的关于意志力的研究成果，比如《自控力》《意志力》《棉花糖实验》《坚毅》《意志力心理学》等著作，一经推出市场，就倍受欢迎，这并非科学推介之功，更多是源自实践的呼唤，因为在实践中，我们真的需要意志力，我们真的在遭遇各种意志力难题的困扰，比如以下话题。

"如何从一个空有上进心的人，变成行动上的巨人？"——1652 万浏览量

"自控力极差的人如何自救？"——1100 万浏览量

"每天什么都不想做，只想躺着、待着、刷手机，该怎么办？"——675 万浏览量

"如何克服严重的拖延症？"——889 万浏览量

"年轻人如何在独居时有效地保持自律？"——1410 万浏览量

这些都是知乎上的提问，知乎问题一般也就几千的浏览量，多的也就几万，几十万浏览量就已经是很热门的问题了，而这些与意志力相关的问题，动辄几百万，甚至上千万的浏览量。

这些数据清晰地表明，我们的实践是多么需要意志力；没有意志力的实践，是多么令人苦恼，多么艰难。

造成这种现状的，盖因我们的心智舞台本该有 3 个璀璨的主角、3 种底层素质，即认知素质（智商）、情绪素质（情商）及意志素质（意志力），但很显然，目前意志力是缺失的。

意志力的缺失及由此带来的各种问题，对我们而言是巨大的遗憾和损失，但这也是少数有心人的机会，因为学习并掌握意志力逻辑、提升意志力水平，势必会获得生活和社会给予的丰厚奖赏，甚至是超预期的奖赏。

机会总是给少数有心人准备的！

三、本书要义

本书围绕意志力，也就是意志素质展开，前面我们厘清了意志力以及意志力红利的概念，接下来就要思考我们最关心的问题：如何提升意志力？

这个问题的回答构成了本书上篇的核心内容，我们详细介绍了提升意志力的逻辑。

在搞清楚提升意志力的逻辑之后，我们不得不面对以下这个问题。

一想到意志力，我们总认为很沉重、很辛苦，似乎让人望而却步，这是关于意志力的刻板印象。其实真实的意志力并不是这样的，就如同弗洛姆说的："于身心有益的东西必定是使人舒适的，即使开始的时候需要克服一定的阻力！"

所以，本书下篇围绕这样一个问题展开：为什么我们想要提升意志力，却不愿成为意志力高手？

在这个部分，我们介绍了意志力高手的逻辑，真正的意志力高手，并不是靠艰辛的苦苦支撑，而是将宝贵的意志力在核心处发力，从而成为真正的意志力高手，继而过上一种愉悦、高效、幸福的生活，一种简明轻快，甚至充满惊喜的意志力生活！

可以说，本书围绕三个逻辑展开：意志力红利的逻辑、提升意志力的逻辑、意志力高手的逻辑。但意志力是一门实践科学，仅仅知道理论是不够的，我们还要知道如何做到，所以，围绕三个底层逻辑，我们精心打造了一套工具体系，以打通理论与实践之间的鸿沟。

其中，提升意志力的逻辑，也就是本书的上篇，我们介绍了包括黄金思维圈、WOOP 模型等 16 个工具。

意志力高手的逻辑，也就是本书的下篇，着重介绍了"24 小时人生模型""10 分钟找到人生目标"等 4 个工具。

至此，我们完整打造了意志力的理论体系和意志力的实践体系，让我们不仅知道、更能做到，可以说，系统性与实践性，正是本书的核心特色。

四、一点小补充

整本书梳理了意志力的理论体系和意志力的实践体系，作为一本书已经很完整了，但正如前面介绍的，这本书是意志力 3.0 版本，在长达三年的迭代过程中，已有数千名学员认真学习、练习、践行这个体系，积累了大量的宝贵经验，这是真正无可估量的巨大财富，遗憾的是限于本书篇幅，以及实践本身的复杂性，我无法在书中展示这数千名学员的学习成果。

于是，我做了一个补救。我征求了训练营学员的同意，将他们在为期一个月的训练营期间的成果，包括对意志力体系的理解、20 个工具的练习，以及现实生活中的实战经验等，做了一个系统整理，并整理成《意志力红利实践手册》^①，以让我们能站在他们的肩膀上更好地学习、理解和提升意志力。

最后，作为创业者，我想分享创业圈内的一句话："如果公司出了问题，管理者不要救火般地忙于解决各种问题，而应去梳理团队，将团队理顺。团队对了，一切问题自然也就迎刃而解了！"

这是管理公司的底层逻辑，也是经营我们人生的底层逻辑。

在人生旅程中，我们会遇到各种各样的问题，关于学习的、工作的、生活的、人际的、情感的……解决一个又来一个。如果我们埋头于解决一个个具体问题，那么我们会被问题淹没，因为问题是无穷无尽、层出不穷的。

如同管理公司一样，优质人生的底层逻辑不是埋头解决

---

① 该手册获取方式见封面作者简介处。

一个又一个的具体问题，而是致力于成为一个"对"的人，当我们"人对了"，一切问题自然也就迎刃而解了。

那么，如何成为一个"对"的人？

我想，作为三大心理过程之一的意志力，必然是我们要掌握的一项底层能力！

提升意志力的逻辑

WILLPOWER

如何提升意志力

在引言部分，我们厘清了意志力的概念：意志力指的是一个人处理意志过程的素质，反映的是一个人心理对行为的主动支配能力。

这个概念很清晰，不仅符合我们对意志力的常规理解，也符合现在对意志力的科学研究。

美国斯坦福大学饱受赞誉的心理学家凯利·麦格尼格尔博士在其著作《自控力》中对意志力下了两个定义。

第一个定义：意志力就是控制注意力、情绪和欲望的能力。

第二个定义：意志力就是驾驭"我想要""我要做"和"我不要"三种力量的能力。

第一个定义描述了心理对人性内部对象的影响，也就是对注意力、情绪和欲望的支配能力。

第二个定义描述了心理对不同性质的事务（有想做的，有要做的，也有不能做的）的支配能力。

这两个定义虽然不同，但本质上都是在强调心理的支配作用，与我们对意志力的定义一脉相承，只不过从不同的角度去描述这种支配。

在搞清了意志力概念之后，接下来的问题就是"如何提升意志力"，这才是我们真正关心的问题。

如何提升意志力？

这个问题的本质就是：如何提升处理意志过程的综合素质。

这就需要回到意志过程本身，需要拆解意志过程。若我们能处理好意志的整个过程，自然也就能提升意志过程的综合素质，也就能提升意志力。

我们再来看看意志的定义。

所谓意志，是指一个人有意识地确立目标，调节和支配行动，并通过克服困难和挫折，实现预定目标的心理过程。

所以，完整的意志过程大致可拆解为以下几个要素：

有意识地确立目标；

依据目标调节和支配自己的行动；

克服执行中的困难；

有效应对执行中的挫折；

矢志不渝地坚持目标、实现目标。

对这 5 个要素做一个简单的分类，大致可分为 2 类。

确立目标：

有意识地确立目标。

达成目标：

依据目标调节和支配行动；

克服执行中的困难；

有效应对执行中的挫折；

矢志不渝地坚持目标、实现目标。

很显然，意志过程本质上就是我们主动做成一件事的过程，所以，意志过程可分为 2 个过程、2 种能力：

一个是有意识地确立目标的过程（能力）；

一个是坚决达成目标的过程（能力）。

而这正是心理学界对意志过程的划分，学术界将意志过程分为 2 个阶段：

第一个阶段是意志（行动）的准备阶段，这个阶段主要涉及个人意愿的问题，就是如何明确目标、确立目标、制订计划等，涉及的正是有意识地确立目标的能力。

第二个阶段是意志（行动）的执行阶段，主要涉及如何达成目标的问题，包括执行计划及克服执行中的诱惑、困难、挫折等问题，最终坚持达成目标，这涉及的正是坚决达成目标的能力。

所以，如何提升意志力，即如何提升意志过程的综合素质，本质上就是如何处理好意志的 2 个过程、回答好 2 个问题。

如何有意识地确立目标——意志的准备阶段；
如何坚决地达成目标——意志的执行阶段。

这两个问题也正是本书上篇要探讨的核心主题。

意志的准备阶段

第一章

如何有意识地确立目标

有意识地确立目标的逻辑

如何有意识地确立目标?

如同意志力一样,关于这个问题,学界也有很多理论探索。

1. 目标设置理论

关于目标,心理学有系统性的研究,最为著名的就是目标设置理论,该理论的核心是有意识的目标会影响行为,主要影响包括以下 4 个方面。

(1)目标具有指引功能。它引导个体注意并努力趋近与目标有关的行动,远离与目标无关的行动。

(2)目标具有动力功能。较高的目标比较低的目标更能激发较大的努力。

（3）目标影响坚持性。当允许参与者控制他们花在任务上的时间时，困难的目标会使参与者延长努力的时间。

（4）目标通过对与任务相关的知识和策略的唤起、发现或使用而间接影响行动。

学者们还提炼了目标各个要素与绩效之间的关系，如图1-1所示。

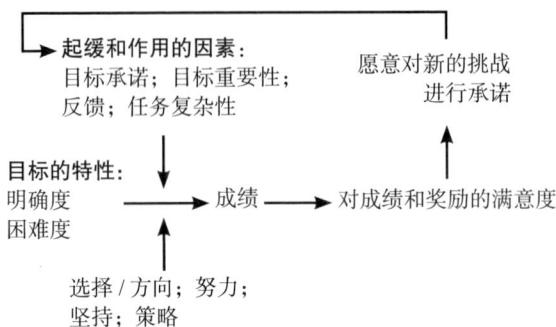

图 1-1　目标设置理论

资料来源：心理科学 2004, 27（1）: 153-155。

2. 目标的 SMART 原则

另外，关于目标设置的一个常见理论是目标的 SMART 原则，即目标要满足以下特性。

S（Specific）——具体的

M（Measurable）——可度量

A（Attainable）——可实现

R（Relevant）——相关性

T（Time-bound）——时限性

3. 防御型目标与进取型目标

在《如何达成目标》这本书中，社会心理学家海蒂·格兰特·霍尔沃森博士系统论述了防御型目标和进取型目标。

防御型目标，指的是不得不完成的目标，否则将会有巨大的损失，这种目标通常给人巨大的压力。

进取型目标，指的是为追求美好的结果而设置的目标，这种目标通常是自愿的、主动的、令人愉悦的。

关于目标的理论有很多，这些理论从不同的角度阐述了什么是好目标、设定好目标的要素和准则、如何设定目标等，这些具体的研究非常有理论、学术价值。但作为一个普通人，我们更想要的是确立目标的系统流程，即怎样才能有意识地确立一个目标，一个能激发我们行动的好目标。

很显然，这也是实践层面的事情，我们需要系统的方法，而不只是学术层面的研究、理论层面的指导。

所以，具体到实践层面，我们该如何有意识地确立目标？

与洞察意志力的逻辑一样，了解目标的定义是我们洞察目标本质最好的切入点。

北京师范大学心理学教授林崇德编写的《心理学大辞典》给出了目标的明确定义：

"目标，是行为要达到的最后目的，亦是引起需要、激发动机的外部条件刺激，即诱因。目标能刺激人们对自己提出相应的目的，并为达到这个目的而行动。"

简而言之，目标是行为的最终目的，而且，目标还能够激发动机，让我们愿意为之采取行动。

所以，很显然，一个好目标必须回答好以下 3 个基本问题。

第一个问题：目的地在哪里。首先必须明确目的地在哪里、目的地有什么、这个目的地真的是我们想去的地方吗。我们唯有看清目的地、真的想去这个目的地，才可能朝着目的地坚定前行！

第二个问题：如果我们真的想要达成某个目标，那么，如何激发我们行动的动力呢？只有能持续激发我们动力的目标，才是真正有生命力的目标。

第三个问题：目标代表着目的地，代表着终点，如果我们真的想要到达这个终点，仅仅知道终点在哪里是不够的，甚至动力十足也是不够的，我们还要知道如何到达终点，即我们不仅要渴望目标，更要知道如何规划目标实现的路径。

所以，回到"如何有意识地确立目标"这个问题，显然就是要解答以下 3 个具体的问题。

（1）如何有意识地澄清目标？我们看得越清，行动才越坚定有力。

（2）如何让我们对目标动力十足？唯有能够持续激发我

们的动力，目标才真正具备生命力。

（3）如何系统地规划目标？我们不仅要渴望目标，更要知道如何系统地达成目标。

针对这三个问题，我们设计了 5 个小工具（即第一章的内容）。

（1）如何澄清目标？黄金思维圈。

（2）如何对目标动力十足？ WOOP 模型。

（3）如何系统地规划目标？

关键事务规范化；

每周动态可视化；

每天艾维李法则。

如何澄清目标
——黄金思维圈

人是一种很奇怪的物种，做什么事情都会追问意义，尤其是长期坚持做一件事情，必然要搞清楚坚持的意义，否则肯定是坚持不下去的。最好的坚持，必然是想清楚理由后的坚持。

TED 演讲者西蒙·斯涅克（Simon Sinek）在《伟大的领袖如何激励行动》中将这种对意义的追寻总结为一个思维模型，即黄金思维圈。

如图 1-2 所示，常规的思维模式是由外向内的，我们从清晰的目标（what）开始，然后到具体的方法（how），很少认真地思考目标背后的动机（why），但是激励型领袖、组织的思维模式都是由内向外的。

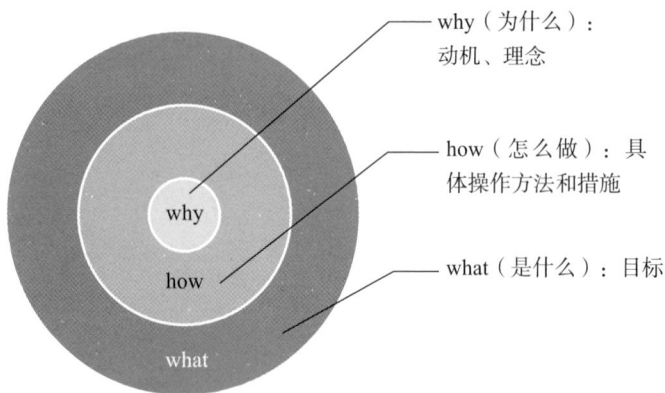

图 1-2　黄金思维圈

以我的意志力训练营学习为例，由外向内思考的过程如下。

目标（what，即学什么）：学习意志力的知识体系、实践体系等；

方法（how，即怎么学）：积极听课、积极交作业、积极参与讨论、积极参与社群活动等；

但对于动机（why，即为什么学），则很少有人会有清晰的考虑，大多数人可能只是觉得自己意志力薄弱、通过学习可以提升意志力等，这种理解很模糊，很肤浅，也很无力。

然而，动机才是真正的动力所在！

这种思维模式，其实是长期习惯下的"最少思考"模式，这样参加训练营，最多只是被群体的促进、积极的氛围、定期的作业裹挟着去学习，只是又经历了一次被动学习。这种学习短期有用，但长期无法坚持，因为它本质上是不符合人性的。

凡事追问"为什么"，我们就能准确地把握问题的本质，准确地把握内心深处最真实的需求，看清每个行为背后真正的动机，自然就能坚定前行；而只关注做什么（what）、怎么做（how），目标就变成了任务，是"应该做"的，是"不得不做"的。

由外向内的思维模式与由内向外的思维模式的不同，正如《自控力》中揭示的"我想要"与"我要做"的区别：一个是积极主动的，一个是被动勉强的，效果自然天差地别。

黄金思维圈本质上是说服的逻辑，上至卓越的管理者，下至出色的销售员，都在不停地追问"为什么"、告诉别人"为什么"、让别人探索"为什么"，从而在底层心智上影响他人、说服他人。

为什么"Why"有如此魔力

因为"为什么"能穿透表层，直奔每个人内心深处的东西，如激情、信念、梦想、更大的目标等，这些东西是真正的内核、真正的吸引力、真正的动力源泉。但在日常生活中，它们被凡尘俗事掩盖了，无法被听见、被看见；而"为什么"能够拨开迷雾，直奔这些东西，直指这些东西。

图 1-3 是我一个朋友对日常生活的梳理，这其实就是追寻"为什么"的结果，也是"为什么"在不同的事情之间建立的联系。比如运动和冥想这两件事情一般来说不太好坚持，但在图 1-3 中，当我们看到这两件事情的底层意义时，自然会动力十足。

所以，我们要对自己发问，不断地追问"为什么"，不断地向内探索，澄清自己内心深处的信念、需要、追求、激情，同这些真正有生命力、有活力、有激情的东西建立连接，这样，做任何事情自然会激情十足。

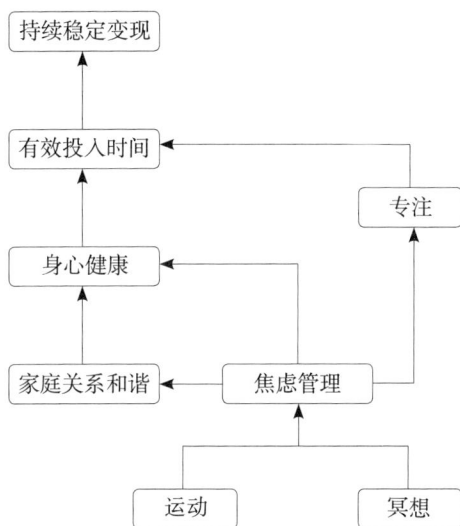

图 1-3　日常生活的梳理

　　看得越清，行动就越坚定、有力。

　　这里我也做个自我暴露。我曾经问报名加入社群的小伙伴为什么加入社群，很多人的回答是公众号的内容有价值，老高很真诚、很值得信任、老高往期的社群口碑好等，他们基于这些因素，毫不犹豫就报名了。也有不少小伙伴回复说，也没搞清楚为什么，看完文案脑袋一热就报名了。这里不是我忽悠大家，这样的结果与我长期内化黄金思维圈的习惯有关。我的写作带有浓浓的黄金思维圈风格，大家有兴趣可以去看看我的文案，甚至在本书的内容与框架中，我讲得最多的就是"为什么"。通过讲清楚"为什么"、告诉别人"为什么"，我们不仅能够把事物的底层逻辑讲清楚，更能在不知不觉中打动人、说服人。

这就是"Why"的魔力!

黄金思维圈的魔力，本质上是"为什么"的魔力，西蒙·斯涅克将之运用在营销、说服中，由内而外的顺序为：动机—方法—目标，例如，他在演讲中以"苹果"产品为例，分析的顺序是：

我们为什么要生产这个产品，我们的愿景是什么（动机）；

我们是怎么做的，是如何注重生产细节的，是如何精益求精的（方法）；

我们的产品是怎样的，它有什么特色（目标）。

这样的说服过程思路清晰，令人信服。

以上是黄金思维圈在营销、说服领域的运用，但就像我上面说的，黄金思维圈中，"为什么"才是核心，所以，它并不仅仅是"动机—方法—目标"这种结构的应用，它还有另外一个变种，即"动机—目标—方法"，也就是澄清目标—确立目标—规划目标的结构。

黄金思维圈是我所有训练营中的保留项目。正是因为对动机的澄清，我才得以广泛地指引学习的动机，使之逐步走向更深的层次。比如，在"为什么要了解意志力、提升意志力"这个问题上，多数学员最初给出的答案是这样的。

"因为想做的事情总是半途而废。"

"因为不喜欢那个遇到难题就想要逃避的自己。"

"因为工作低效，想要提高执行力。"

"因为培养好习惯总是失败，比如'早起''列计划''记账''记录'等。"

"想要改变熬夜、刷手机、追剧等习惯。"

但很快，他们对动机的澄清便会深入下去。

在无数次和拖延、懒惰的斗争过程中，我明白了一件事：本就意志力薄弱的自己想仅凭自己提高意志力，是十分困难的。因此，我需要有导师引导和监督，通过外部力量强化意志力，再进行自我练习巩固，这正是我们这些意志力薄弱者所迫切需要的。

（训练营学员）

从"我应该""我必须"到"我想要""我期待"，学习的动机便有了根本性的扭转。

也有学员在澄清的过程中敏锐地发现，自己最初找到的"为什么"只是表层需求，并不是内心的真实需求，甚至与真实需求南辕北辙。

我的表层需求是把所学应用到工作上，在工作上自律精进，不再自怨自艾。

一方面，我认为自己学了很多；另一方面，我却无法在实践中迈开脚步。这导致我不断寻找外因，试图排除个人主观原因。

我发现，这其实和我的初衷完全相悖。我想起一位职场博主说的话："所有的怀才不遇，本质上都是眼高手低。"这契合了我当下的状态。说实话，面对这个分析结果，我感到有点难堪。

澄清到这里，我发现，其实我是来学习接纳自己的。

（训练营学员）

原本体现在行为表层的动机，经过不断地澄清，与个人"自我接纳""爱自己"的底层需求进行了连接，便被赋予了更深层的力量、更难以抗拒的渴望。

可想而知，不同的"Why"会指向不同的行为。随着动机的深度澄清，"What"和"How"也更加容易落地、更具可执行性，也更具动能。

在一个月内完成一个具体目标：每天在固定时间精读英语外刊一篇，摘抄好词好句，背完文章中的生词。以这个具体目标为载体，坚持运用导师传授的知识和方法来提升意志力；将其运用到生活的方方面面，不断养成一些良好的习惯。

固定时间：设定闹钟，每天准时提醒自己去看文章。良好的学习环境：去书房学习，桌面无杂物，断网，不带手机。任务限定在两个番茄钟^①内完成，晚上在一个番茄钟内进行复习。

（训练营学员）

这便是黄金思维圈的魅力。

---

① 一个番茄钟为 25 分钟，参见《番茄工作法图解：简单易行的时间管理方法》。——编者注

如何对目标动力十足

——WOOP 模型

动力，毫无疑问是非常关键的，但从没有人告诉我们，如何系统地管理动力。

动力非常主观，且难以测量，这不是科学研究擅长定义的，因此，它一直是励志图书的自留地。《思考致富》一书中关于目标动力管理有一个简单的"六步法"：

· 确定一个目标；

· 明确你愿意为目标付出什么；

· 明确目标的达成时间；

· 制订一个具体的计划；

· 列一份清单，把前面四个步骤写下来，并按照计划去
实践；

· 每天早晚大声读一遍，读的时候，要让自己想象目标实
现后的高光场景。

我将信将疑地在笔记里写下如下文字："我要赚到 5
万元！"

1. 强烈的欲望

我为什么要赚到 5 万元？可以说，这是我财务自由、人
格独立、超越环境、自我实现的基础。只有迈出这一步，我
的人生实验和实践才有稳固的根基，不会生活在幻象里自欺
欺人。可以说，实现了它，我的改变才算真正启动。

2. 明确的目标

在 2016 年年底（阳历）之前，赚到 5 万元（抛开工资和
存款）。

3. 明确的计划

（1）考虑入股合作

（2）金融投资

（3）英语兼职

我这样做后，还真的就动力十足了，真的实现了目标。很不可思议吧？我也觉得很不可思议！原来依照以上六步法，真的能够成功！

但这仅仅是我个人的案例，很难让人信服，也很难让自己信服，但我坚信，这套方法背后确实有宝贵的东西，我需要把它提炼出来，更好地指导未来的行动。在接下来的探索过程中，我发现美国心理学家厄廷根（Oettingen）教授对上面的六步法做了大量的研究，并由此形成了 WOOP 心理学。

我们先用一个心理学比喻来解释上面的六步法好用的原因。

心理学界对理性与非理性、意识与潜意识的关系，有一个形象的比喻，就是心理学家乔纳森·海特（Jonathan Haidt）提出的"象与骑象人"比喻。

我们的心理分为两个部分，理性的部分像骑象人，非理性的部分像一头桀骜不驯的大象，二者各行其是。如果"骑象人"与"大象"冲突，我们的内心就会矛盾、纠结、冲突，这也是我们诸多心理问题的根源；而如果"骑象人"与"大象"协调一致，我们的内心就会和谐宁静，动力十足。

我们不妨也借用"象与骑象人"的比喻来探究一下如何管理动力。很显然，代表理性、意识的"骑象人"，虽然富有谋略，能够明确目标、制订计划，但真正的动力源泉是代表非理性、潜意识的"大象"。管理目标，关键就是学会管理"大象"，让"大象"对目标动力十足，自我驱动。

那么，如何管理"大象"呢？

1. 掌握"大象"的语言

我们有意识地制定的目标，比如，减肥、学习、考研等，这些目标是"骑象人"的目标，是"骑象人"的意愿，与"大象"无关，所以，不管"骑象人"如何抓耳挠腮，苦苦支撑，"大象"可不管你，只会自行其是。

所以，如何让"大象"也认可这个目标，让"大象"对目标也产生渴望，让目标成为挂在大象鼻前的一把青草呢？

这就涉及"大象"的语言，也就是生动具体的场景、图像。

大象听不懂人话，你说得再好，"大象"仍听不懂；但"大象"有眼睛，它能看懂。所以，如果你能在头脑中生动地想象出目标实现后的美好画面，"大象"就能看懂；画面越生动、越具体、越清晰，它就越能产生渴望，就会自己朝着目标狂奔。

这就是与"大象"沟通之道，也是驭"象"之道。

2. 经常提醒"大象"

我们经常会心血来潮：要好好学习、要参加训练营、要报健身班、要减肥等，这种决策背后的驱动就是动力。当动力被唤醒的时候，我们情绪高涨，觉得自己可以做成任何事情，但有时总是三分钟热度，计划不了了之，为什么会这样？

其实答案很简单，因为"大象"的记忆力很差，需要多次提醒，它才记得住。所以，在"大象"真正内化目标之前，我们的动力是非常不稳定的，如果不刻意提醒"大象"，它也就只能热情高涨三分钟。

因此，我们要经常提醒"大象"，要经常在脑海中想象目标达成后的场景。

这两种方法就是管理目标的有效方法，而"六步法"做到了这极为关键的两点，所以，它能够轻而易举地激发动力。厄廷根教授通过大量的试验，证实了这个方法的价值，但她同时指出，这个方法有一个致命缺陷：大脑无法区别真实与想象。

这里涉及一个神经科学理论。

通过脑扫描，科学家们发现，想象某种场景与经历真实场景时大脑的神经活动模式大致是一样的，这表明，大脑分辨不出想象和现实。也就是说，在我们想象时，大脑认为清晰具体的想象是真实发生的。

我们本来希望通过清晰具体的想象，在"大象"眼前挂一束"草"，让"大象"朝着目标狂奔，但没想到，"大象"觉得自己已经吃到了。

因此，在我们想象目标达成的场景时，我们会很愉悦、很有激情，但这也会让我们陷入盲目，因为大脑认为目标已经达成了，从而失去了行动力。

所以，WOOP 心理学提出一个补救方法，即明确障碍。我们不仅要想象目标实现之后的美妙场景，还要立足现实，思考阻碍目标实现的障碍是什么。

这个障碍就成了支在"大象"前面的短棍，心理学称之为"心理对照"，即理想与现实的差距。明确这种落差，"大象"就能看到"青草"但不会认为自己已经吃到，这下"大象"就真的动力十足了。

3. WOOP 模型

WOOP 是 4 个英文单词首字母的组合。

W（Wish）：愿望，大目标

O（Outcome）：描绘愿望、目标实现的场景

O（Obstacle）：障碍，实现目标的阻力

P（Plan）：计划

所以，很显然，所谓 WOOP 模型，就是我们不仅要清晰地确立目标、要描绘目标实现后的美好场景、要反复大声朗

读，还要客观分析实现目标过程中可能遇到的障碍，探索克服障碍、达成目标的具体计划、行动。

下面，我们对 WOOP 模型，也就是动力管理的完整逻辑进行总结。①

（1）明确你的愿望、目标（黄金思维圈的结果）；

（2）在大脑中想象目标实现后的场景（要清晰、具体）；

（3）理性分析追求目标过程中可能遇到的障碍，并制订应对计划；

（4）形成文字，随身携带，早起、睡前阅读。

---

① 关于该工具的实践案例及拆解，请参见《意志力红利实践手册》。获取方式见封面作者简介处。（本书中的全部 20 个工具均是如此，之后就不再一一赘述）。

如何系统地规划目标

——目标生命周期管理

黄金思维圈让我们看清目标、坚定目标，WOOP 模型让我们对目标拥有持续动力。明确了目标，激发了动力，接下来我们就要思考，如何实现目标，也就是如何系统地规划实现目标的路径，让我们能从起点到达终点。

目标不同，执行路径也不相同。比如，一个月减重 5 千克与一年副业收入 5 万元，这两个目标风马牛不相及，很难提炼出共性的规划方法。但是，目标是由人执行的，如果能够管理好每天、每周乃至更长期的过程，我们自然也就能管理好目标、实现目标了。

所以，根据完整的目标生命周期，我们需要管理好 3 个时间，我据此针对性地设计了 3 个工具。

目标的长期管理：关键事务规范化。

目标的短期管理：每周动态可视化（每周管理），每天艾维李法则（每日管理）。

一、目标的长期管理：关键事务规范化

在实现目标的过程中，我们会逐渐发现，有些事情属于关键性事情，坚持做好它们，很多难题也就迎刃而解了。但是我们很容易被日常的琐事羁绊，无法将有限的时间投入真正有价值的事情中。看似很忙，但没有成效。

为了更好地解决这个困扰，史蒂芬·柯维（Stephen Covey）提出了四象限法则，如图 1-4 所示。

四象限法则按照"重要性"与"紧迫性"两个维度，将日常事务分为四类：

重要但不紧急；

重要且紧急；

既不重要也不紧急；

不重要但紧急。

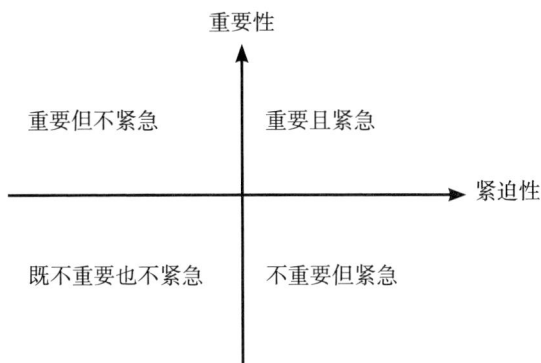

图 1-4　时间管理四象限法则

　　可能很多人都用这个工具对生活事件做了梳理和划分，也明确了哪些事情重要且紧急、哪些事情重要但不紧急、哪些事情其实不用太过理会（不重要但紧急的事和既不重要也不紧急的事）。但尽管梳理得很清楚，生活却还是没有发生什么变化，于是他们对这个工具的有效性产生了质疑。

　　很多人大脑中知道哪些是重要的事情，但就是无法执行，特别是那些重要但不紧急的事情，比如看书、学习、自我提升等，他们并没有落实这些关键的事情，他们的时间总是被不重要但紧急的事挤占，甚至被既不重要也不紧急的事挤占。

　　所以，我们需要对四象限法则进行一个关键补充，这个补充就是规范化，即留出专门的时间，甚至是专门的空间，规律地去做重要的事情。

　　以我为例，作为一个自媒体人，写作对我来说非常重要，所以，我就用早上6点至9点这段时间，专门来写作。这里的"专门"需要强调一下，就是说，这个时间段，只预留给写作这件事情，哪怕今天早上不想写作，也是可以的，但这个时间段也不可以干其他事情，哪怕是无聊闲着也不可以干其他事情。不仅不可以做"颓废"的事情，如刷手机、刷抖音，而且也不可以做"积极"的事情，如读书、学习等。总而言之，这个时间段，只可以写作，如果实在不想写，就无聊地闲着、待着，甚至熬着，通过这种强制的方式，把那些真正重要的事情坚决地执行下去。

　　规范化其实不仅仅是给重要的事情预留时间和空间，本质上是在给我们的生活构建框架和秩序。

　　比如高中阶段学习任务很重，但大多数学生都能很好地坚持下来，而上了大学后，很多学生发现很难再安心学习。

　　因为高中时，到了固定时间就自然而然知道要做什么事，虽然不一定能学好，但内心不会纠结"要不要做"；而在大学里，除了必要的上课，生活中做很多事，需要靠意志力。

意志力是"推"我们做事情，而规范与秩序则是"拉"我们做事情，把我们拉回正轨。就好像，如果你习惯了刷牙，你不刷牙肯定非常难受；你习惯了睡前看书，不看书也肯定很难受。

举一个我自己的例子：

我早上 6 点起床，创作 3 小时；

白天工作之余，抽空看书，管理社群；

晚上 7 点跑步锻炼；

晚上 8 点半以后开始阅读。

晚上 11 点半，写感恩日记。

很多人觉得我是一个很自律的人，对自己非常狠，但 2018 年 4 月，我回老家待了几天，整个人状态非常糟糕，想做的事情做不下去，不想做的事情基本做了个遍，个中原因，就是生活节奏被打乱了。

这种感受大家肯定都有，比如放假前制订了很多计划，带着想读的书去休假，但直到假期结束，常常连书都没打开……

相反，一旦你习惯了在固定的时间做某件事，不管你之前在做什么，到了特定时间点，自然而然就会被习惯拉入轨道，毫不费力。也就是说，即使你真的放纵失控，也仅仅是短时间的，之后会被习惯拉入正轨。

在现代社会，诱惑极多，如果没有秩序与规范，你就要时刻做决定、做取舍，这些都会消耗意志力，而一旦意志力耗尽，你根本就不知道下一刻要做什么、会放纵多久。

所以，规范化就是在某个时间、某个空间，固定做某事。比如，早上几点起来读书，晚上几点跑步锻炼，睡觉前几点写日记……通过这些规范化行为，打造合理的生活框架，我们就能在固定的时间段内做自己想做的事情、做重要但不紧急的事情、做真正提升自己的事情。

很多人看到这里，肯定已经制定好了很多规范，这里要提醒一点：一次只能制定一个规范。一定不要心急，因为培养习惯、建立新秩序，意味着改变，意味着走出舒适区，这需要意志力，这也是意志力最应该发挥作用的地方。意志力是有限的，不要分散它，要让它集中力量，一次达成一个改变。

所以，规范要一个个建立，习惯要一个个养成。要有耐心，急功近利肯定不行。

总而言之，你要为重要的事情安排专门的时间和空间，因为它们值得！

二、目标的短期管理：每周管理 + 每日管理

关键事务规范化确保了我们可以对重要事务进行长期管理，确保真正有价值的事情能够被执行。但仅仅如此还不够，我们还需要管理好当下的每一周、每一天，从而扎实有效地推进目标。

（一）每周管理：每周动态可视化

每周动态可视化，顾名思义，就是对每周的计划进行动

态的跟踪、展示。

具体以我的周管理办法为例（见图 1-5），就是每周一将一周主要的事情罗列出来，每件事情写一张便利贴，贴在"计划做"一栏；随着计划的推进，移动便利贴，从"计划做"到"正在做"，最后到"已完成"。周末的时候，如果所有的便利贴都移动到了"已完成"，那这一周的计划就进行得很顺利，否则，就需要给自己一个解释了。

这个方法很简单，但非常实用。这是一个明星团队负责

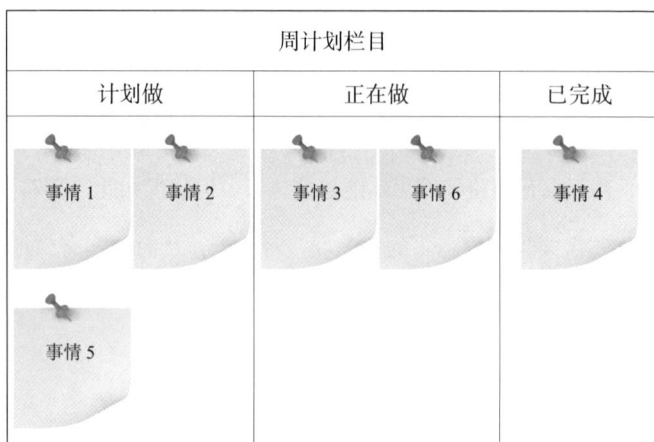

周计划栏目		
计划做	正在做	已完成
事情1　事情2	事情3　事情6	事情4
事情5		

图 1-5　周管理图例

人推荐给我的。他的团队有十几个人，用这个方法跟踪工作目标极为有效。我的团队目前也在使用这一方法，效果极佳。

这个方法为什么有效呢？

因为可视化带来的视觉冲击非常有力量，能随时提醒我们计划进度，在进度落后时也能鞭策自己抓紧追赶。

当我们看到了，就没有办法欺骗自己，就没有办法无动于衷。

这就是看到的力量。

（二）每日管理：每天艾维李法则

艾维李法则，也叫艾维·李时间管理法，是时间管理大师艾维·李（Ivy Lee）的经典工具。它要求实践者每天用纸、笔记录当天最重要的 6 件事并按照时间顺序完成；完成前面的事情后，才可以去做后面的事情。

做完一件，划掉一件，就是这么简单。

在实操过程中，不一定每天都要列举 6 件事，我们生活中不是每天都有那么多重要的事情。我一般会用便利贴列举三四件事。一旦列出来，我就会按照顺序做，做完一件，在便利贴上划掉一件，这是最关键的。

这样，生活就有条理了。

本章小结

本章围绕目标的定义，回答了"如何有意识地确立目标"这个问题，并将这个问题拆解为 3 个子问题。

如何澄清目标？

如何对目标动力十足？

如何系统地规划目标？

为了解决这 3 个问题，我设计了 5 个工具，分别是：

黄金思维圈；

WOOP 模型；

关键事务规范化；

每周动态可视化；

每天艾维李法则。

回顾这5个工具，它们之间的关系可以用图1-6生动地
展示。

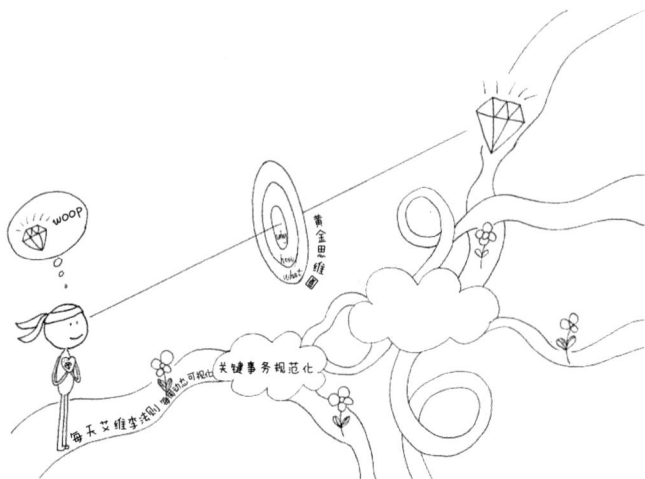

图1-6　5个工具的关系图

黄金思维圈通过反复追问"为什么"，让我们能够穿透迷
雾看清目标，看清我们真正渴望的是什么。

WOOP 模型让目标"入脑入心"，仅仅是"理性大脑"认可目标是不够的，关键是"感性的心"也要发自肺腑地向往，让目标不仅在大脑中，更要在内心深处扎根、生长。

系统规划目标，也就是长期关键事务规范化、每周动态可视化、每天艾维李法则。通过这 3 个工具，我们可以无缝连接管理好目标的整个生命周期，按部就班地从起点到达终点。

显而易见，这些工具是成体系的，是一个有机的工具系统。我们能利用这些工具系统地确立一个好目标，一个我们真正向往的目标，一个真正有生命力的目标。

意志的执行阶段

第二章

—

如何坚决地达成目标

坚决地达成目标的逻辑

在意志力准备阶段，我们有意识地确立了一个目标，一个动力十足的目标，也明确了实现目标的具体路径，接下来执行就好了。

如果是解数学题，我们搞清楚了问题，也找到了问题的解决方法，那题目就已经解出来了；但具体到达成一个目标，仅仅有计划、有动力，这是不够的。很多时候，问题不在于没有目标、不知道如何达成目标，而是知道了目标，但就是不想做，就是无法坚持实现目标。

社会心理学家海蒂·格兰特·霍尔沃森在其畅销书《如何达成目标》中指出，有意识地确立目标、制订计划，对于达成目标只有 20%~30% 的效果，剩下 70%~80% 与执行有关。

好的目标很重要，好的人同样重要。二者缺一不可。

这不仅仅是一组冷冰冰的科学数据和结论，更是我们生活中极为常见的现象。

为什么明明事情很紧急，但反而更想玩游戏？

为什么明明想要减肥，却控制不住暴饮暴食？

为什么越想做成一件事，越是低效、越是想放弃？

……

这些问题是不是很熟悉？

这些问题都是知乎的热门问题，引发了数百万、上千万的关注。这些问题的底层逻辑不在于是否真的渴望、是否有明确可行的规划，而是为何明明渴望、明明重视、明明知道怎么做，但就是会半途而废，就是无法坚决执行。

生活不是数学题，仅仅想清楚是不够的，还要做得到。因此，我们需要了解执行的逻辑，确保我们能坚决地达成目标。

那么，执行的逻辑是什么呢？

乍一看，这个问题没什么头绪，但其实很简单，答案已经在意志的定义中了。我们再来回顾下意志的逻辑。

所谓意志，是指一个人有意识地确立目标，调节和支配行动，并通过克服困难和挫折，实现预定目标的心理过程。

执行的逻辑也就是：

依据目标调节和支配行动；

克服执行中的困难；

有效应对执行中的挫折；

矢志不渝地坚持目标、实现目标。

我们可以尝试将这些平铺直叙的要素，用结构化的形式做一次整理，即：

第一，要对整个执行过程保持觉察，从而能够根据目标及时调节行为、支配行为；

第二，要解决执行中遇到的难题，比如困难、挫折、诱惑等；

第三，要能够坚持实现目标，朝着目标迈进。

所以，执行的逻辑本质上是在解决 3 个问题。

第一，如何对执行过程保持觉察？

第二，如何解决执行中的难题？也就是抵御诱惑、克服困难、应对挫折；

第三，如何坚持执行目标，朝着目标迈进？

针对这 3 个问题，我设计了以下几个系统的工具。

如何对执行过程保持觉察？

意志力笔记。

如何解决执行中的难题？

（1）如何抵御诱惑？

冷却情绪脑；

激活理性脑；

躯体标记理论；

触发点策略。

（2）如何克服困难？

从理想心态到现实心态；

从结果心态到流程心态。

（3）如何应对挫折？

认知解离；

从固定心态到成长心态。

如何坚持执行？

每周一记；

感恩日记。

如何保持觉察

——意志力笔记

元认知是高级的思维过程，是人类独有的进化红利，是站在更高的维度，对思维、认知过程进行监控和调节。

比如解一道数学题，这是一个思考过程。如果这道数学题很简单，或者我们很熟悉，能够轻易地解出来，我们可能体验不到元认知的价值；而如果是一道难题，冥思苦想不出，我们就需要"后退一步"，回顾一下自己的思考过程，看一下自己的思考有没有错误、是否需要重新调整及如何调整，等等，这种"后退一步"观察自己的认知过程并对认知过程进行调节的方法，就是元认知。

元认知本质上是对认知的认知、对思维的思维，故此，元认知可以极大地提升思维质量。无数的研究证明了这一点。

根据元认知的概念逻辑，心理学界提出了元情绪概念。

所谓元情绪，就是"后退一步"，站在更高的维度对整个
情绪过程进行监控和调节，也就是对整个情绪过程保持觉察，
最终实现对情绪的有效管理。

按照同样的逻辑，我们不妨从实用角度不太严谨地定义
一个"元意志"概念。

所谓元意志，就是"后退一步"，站在更高的维度对整个
意志过程进行监控和调节，也就是对整个意志过程保持觉察，
最终实现高效的意志调节效果。

元认知、元情绪、元意志，虽然名称不一样，但内核是
一样的，本质上都是"觉察能力"，只不过觉察的对象不同。

对思维、情绪、意志的调节，虽然方法各不相同，但前
提都是要有觉察能力。我们唯有看清发生了什么，才可能展
开有效的调节。

具体到意志力，我们只有保持清醒、保持自我觉察，才能够监控整个意志过程、对意志过程进行调节，从而真正发挥意志力的作用。

掌握、提升意志力的前提是对意志的觉察，有了觉察，才有可能去调节。

如何提升觉察能力呢？

一个方法是冥想。不仅仅是在意志力方面，在情绪方面、在思维方面，练习冥想都可以提升自我觉察能力。关于冥想，相关介绍很多，本书不展开讲。本书要介绍的是一个见效更快、效果更好的方法，即记意志力笔记。

这一方法既有理论基础，也有我个人的实践经验。我先说说我个人的经验。

我最早接触心理学是因为不够自律，我太颓废、太堕落，感觉自己无可救药了，后来我开始看自控力、意志力方面的书，深入研读了《自控力》《拖延心理学》等书。

我不仅对这两本书做了详细的学习笔记，还特意实践了书中介绍的自控策略。在一年多的时间里，我写了100多条意志力笔记。我随时记录，记录成功，记录失败，记录对某个方法的实践心得……只要是与意志力相关的经验，我都随时记录。

这样的记录，在第一年最多，后来就少了。现在，除非特别大的意志力事件，其他的基本不记录了，因为，我的元意志能力已经培育出来了。几年下来的结果就是，我的自律已经成了自然而然的事，我不再需要刻意练习或依靠意志力去坚持做某件事。

这是我个人的经验，我再从理论层面分析一下，为什么意志力笔记有效。

第一，它能训练觉察能力。"自我觉察""保持清醒"这些是很主观的能力，专门进行训练很难，也很无趣，需要有载体承载才能持续磨砺，而记录就是很好的载体。一旦我们养成了记录的习惯，就会自然而然地捕捉生活中与意志力相关的事件，就会自然而然地"保持清醒""自我觉察"。

第二，它能训练调节能力。"调整""反馈"，这是"元意志"的技能，但这种能力也是需要磨炼的，只在大脑中反思对于初学者来说难度非常大。而记笔记可以让我们更加有条理地用文字思考、用文字复盘、用文字调整，就会自然而然实现意志力的调节能力。

第三，它能提升意志能力。意志力体系是个非常庞大的体系，我们每次实践，也多是涉及其中某一个方面，这种实践是非常零碎的。如果没有记录，这些零碎的收获就会渐渐消散，什么也没有留下。而当我们把各种零碎的实践都记录下来，那么就能够积少成多、聚沙成塔、以点串面，真正提升我们的意志能力，久而久之，也必将打造出属于自己的意志力体系。

所以，记意志力笔记虽然非常简单，但真的非常重要，它不仅可以提升元意志能力，还能够提升我们的意志能力。我非常推荐这个工具。

那么，如何记意志力笔记？

我先介绍下我的经验。

2014年开始记意志力笔记的时候，我将意志力笔记分为两个部分："保持清醒"和"即时反馈"。现在看来，如此区分有点麻烦，我们可以将其归结为"意志力笔记"。

下面两篇是我之前写的意志力笔记。

第一篇，事件：中午莫名其妙看小说

中午记录

看《神话》看到 2 点多。内心有一种冲动，反正就这样了，接着看吧，于是索性"破罐子破摔"，由着自己看其他电视剧、看小说。

后来，朋友回来了，我也正好给自己一个机会暂停一下，准备睡觉。睡前看看心理学实验文献。

晚上更新

下午睡到近 4 点，起来有点懵懵的，但感觉很爽。我又开始慢慢重新自控起来。用一个多小时的时间，搞定手头工作，个人比较满意。

晚上跑步时，想清楚了一个困扰我的难题，这对我当下是一件大事的推进，个人觉得比较满意。

今天整体感觉还是收获满满的。想想前一天追了一天剧，看得脑袋发懵，心理还纠结，天呐，多难受啊，太可怕了，为什么明明在痛苦的道路上，却觉得是享受呢？这就是"大象"的"记吃不记打"吧。

"它"一直觉得，看电视、看小说是很爽的事情，但这都已经是以前的事情了，现在可以刻意体验一下这件事情造成的痛苦。

第二篇，记忆建构：失控中的财富

昨天下午到现在，正好24小时，看了好几本小说，晚上甚至熬夜到了2点多。每一段经历都有其宝贵之处，但如果不及时总结吸收，可能剩下的都是负面残骸（记忆的重新构建、学以致用）。

反思

（1）对自律的破坏是可接受的。我本来在看书，居然拿起手机搜索小说看，但很明显一两个章节的更新无法满足内心对奖励的渴求，所以就换了好几部小说来看，由此一发不可收拾。

（2）看小说时，时间过得很快，不知不觉就看到了凌晨。虽然感觉非常困，也非常难受，理性也告诉自己睡一觉会非常舒服，但冲动告诉我，再看一会就能抵消疲惫和不适。直到凌晨2点多，大脑实在自我欺骗不下去了才去睡。

（3）早起之后感觉非常疲惫，大脑又再次诱惑我：看小说非常不错、非常舒服。此外，完成欲也让我把事情做完，所以我又接着看了一上午和一中午。

（4）中午1点多时，小说看完了，身心状态都不好。就如同隔靴搔痒，靴子越来越厚，搔痒也必须越来越大力，需要越来越强的刺激才行。于是，我想到了继续放纵，但这一想法最终被理性战胜，趁着完成欲消失、行为处于勉强控制状态，关了电脑睡觉。

（5）睡醒之后感觉神清气爽，身心都很愉悦，多巴胺不用再去抚平情绪，加上没有了完成欲，也就没有再看小说的诱惑。接着，我准备静下来看书学习，并写下这段总结。

收获

（1）记录反思可以让我明白失控的过程和原因，做出正确的归因，不会陷入简单粗暴的自我否定；而且一旦做到有的放矢，下次就能更好地自控。

（2）认知疗法。通过对记忆的回忆和重新解读，我改变了对这段经历的消极体验和看法，不仅没有像以前一样自我贬低，反而感觉比花了 24 小时看书学习还有用。

（3）挫折、困难中蕴含财富，我挖掘出了这一点。

以上两篇短文是我的个人记录，供大家参考。

意志力笔记记录的主要是跟个人意志力践行相关的内容，包括成功的、失败的、反思的、复盘的、总结的等，是一种即时的记录、随时随地的记录，有想法即可记录。它本质上锻炼的是一种记录思维，用记录来沉淀能力，不仅沉淀元意志能力，而且沉淀理论与实践相结合的能力。

我很推荐这个工具，它虽然简单，但极其有用。

如何抵御诱惑

——三重脑理论

从功能进化看，我们的大脑分为三层，分别是爬行脑（本能脑）、古哺乳动物脑（情绪脑），新大脑皮层（理性脑）。这三层大脑也代表了婴儿大脑发育的三个过程。进化心理学家通过对大脑起源的研究发现，大脑的这种层级构成不仅代表了大脑发育的三个过程，也代表了大脑进化的三个标志性进程。

第一个进程是爬行脑的发展，蜥蜴、鳄鱼等生命形态同样拥有它，故被称为爬行脑。爬行脑包括脑干（桥脑与延脑）、基底核、网状系统等最核心的脑区，大约在距今二亿到三亿年前演化形成，主管呼吸、心跳、性欲等基本的生存功能，所以也称本能脑。它的功能是本能的，是自动化的。

第二个进程是古哺乳动物脑的发展，它包括杏仁核、海马体等主管情绪的脑区，与约一亿五千万年前古哺乳类动物的演化有关，掌管我们的情绪、社交、动机，故又被称为情绪脑。情绪脑的世界是黑白分明的，要么喜欢，要么不喜欢。

第三个进程是新大脑皮层的发展，也就是我们的大脑皮层，也被称为理性脑，又称新哺乳动物脑，大约在数百万年前由灵长类动物持续演化而成。猿猴、海豚、鲸鱼都有这部分大脑结构，但它以人类大脑发展最为完整。理性脑是我们所熟悉的，掌管我们的认知、目标、计划、自控等。

简而言之，理性脑掌管我们的理性，情绪脑掌管我们的感性，本能脑掌管我们的本能。

这就是著名的三重脑（Triune Brain）理论，图 2-1 形象地展现了三重脑的结构。这个理论在严谨的学术层面有点瑕疵，但正如哈佛大学教授乔治·瓦利恩特（George Vaillant）在其著作《精神的进化》中所言，这个模型是脑功能结构的大致划分，作为学术研究有点不太严谨，但作为我们了解大脑的本质、人性的本质的模型是完全没有问题的。

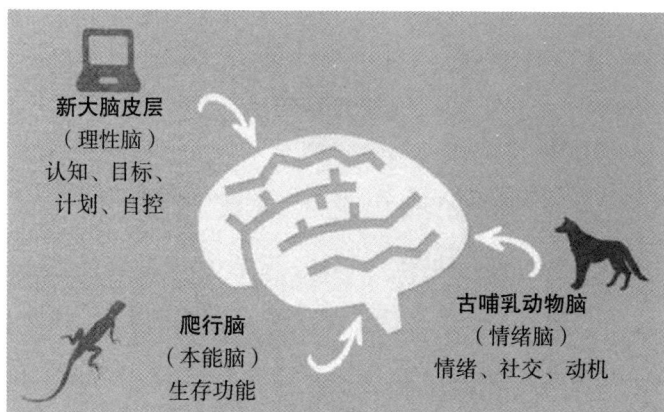

图 2-1 三重脑理论示意图

理性、情绪、本能，这正是心理学研究的核心课题。可以说，三重脑之间的关系，就是整个心理学的研究主线。

三重脑理论能够让我们对自己的行为有更深刻的认识。

理性与感性的背离，也就是理性脑想做，而情绪脑不想做，这是什么？这就是拖延。理性脑不想做，而情绪脑想做，这是什么？这就是诱惑。理性与感性的一致，也就是情绪脑喜欢、理性脑认可的事情，比如少数幸运儿做着自己热爱的工作，这是巨大的幸运。

再比如，没有目标，非常迷茫，这本质上是理性脑、情绪脑都很迷茫，理性脑不知道自己想要什么，情绪脑也不知道自己喜欢什么。

分析三重脑之间的关系，可以揭示很多心理本质。

这里，我们再回到诱惑。

诱惑本质上是理性与感性的冲突。诱惑是一种矛盾的刺激，它能带来短期的享受（情绪脑喜欢），却会伤害长期的利益（理性脑不认可）。比如打游戏对于很多人来说就是诱惑，它能带来娱乐，但也会妨碍我们过真正有价值的生活；它导致感性与理性的背离。但打游戏并不是对所有人都是诱惑，对有些人来说它甚至是一种极为享受的事业，比如一些职业游戏玩家，他们感性上喜欢、享受，理性上也能获得巨大价值。感性与理性一致，这就是我们择业时常说的"情随心生"（Follow your heart）。

所以，从神经层面看，抵御诱惑的核心逻辑就很明确了。

第一，冷却情绪脑的力量，激活理性脑的力量。比如面对即时的诱惑时，如美食、游戏，必要的策略能让理性回归，让冲动平息，这是即时的应对策略。

第二，改变情绪脑的感受。诱惑之所以是诱惑，是因为情绪脑渴望、想要，如果我们从根本上改变情绪脑对诱惑的态度，如暴饮暴食的人改变对美食的态度、沉溺游戏的人改变对游戏的态度……当我们不渴望、不沉溺，甚至讨厌某些东西时，自然也就不会被它们诱惑了，这就是后文要讲到的躯体标记理论，是长远的治本之策。

原则上，有这两个核心逻辑就足够了，但如同"象与骑象人"的比喻，情绪脑远比理性脑进化得久、进化得完善，仅仅从支配力量上讲，情绪脑的支配力量显然要大于（甚至远远大于）理性脑，所以，我们就必须接受一个现实：被诱惑、失控是正常的，甚至是必然的。我们必须接受我们会被诱惑、会失控的事实，学会积极应对失控、诱惑，避免失控带来的二次伤害。

综上所述，关于抵御诱惑，我们要解决两个问题。

（1）如何抵御诱惑？

即时的应对策略：冷却情绪脑，激活理性脑。

长远的治本之策：改变情绪脑的感受（躯体标记理论）。

（2）如何应对失控？

触发点策略。

即时的应对策略：冷却情绪脑，激活理性脑

三重脑是从功能层面上对大脑结构进行的一种定性划分，对大脑结构的划分还有另外一个维度，就是认知决策的属性。著名的"棉花糖"心理实验设计者、美国心理学家沃尔特·米歇尔（Walter Mischel）根据认知决策的属性，将大脑分为两个系统，一个是热认知系统，一个是冷认知系统。

热认知系统，即大脑边缘系统（类似于杏仁的神经元组织），是即时认知反应系统，是自动的、毫不费力的，关注的是当下的感受。

冷认知系统，也就是大脑皮层，是深思熟虑的认知系统（也就是我们所说的理性），是最具备人性的大脑部分。正因为有这个系统，我们才会甘愿做当下觉得困难的事情，这一部分是意志力的神经系统。

很显然，情绪脑对应的是热认知系统，理性脑对应的是冷认知系统。

沃尔特·米歇尔在研究中发现，冷认知系统与热认知系统是此消彼长的关系。一旦热认知系统被激活，我们的决策就从冷认知系统的理性、长远、格局、目标、追求这种未来的格局观变成了热认知系统的即时、短视、冲动、活在当下、鼠目寸光这种当下的享乐主义。

从策略层面看，抵御诱惑就是要冷却热认知系统，激活冷认知系统。

一、如何冷却热认知系统

1. 时间距离

心理学家做过一个实验，让志愿者在以下两个不同的情景下进行选择（见图2-2）。

情景A：今天获取100美元，还是等待一天，即明天获取101美元。

情景 B：100 天后获取 100 美元，还是多等待一天，即 101 天后获取 101 美元。

图 2-2　抵御诱惑实验

对于马上就能得到金钱的情景 A，大家都倾向于选择获取 100 美元，不愿意再多等待一天。而情景 B 中，大家会选择多等一天、多拿 1 美元，即 101 天后获取 101 美元。

这是因为时间激发了不同的认知系统。

即时的诱惑激发的是热认知系统，而非即时诱惑激发的是冷认知系统。

不同的认知系统会有不同的选择偏好。所以，对自控力的研究中有一个非常有名的 10 分钟法则。

在面临一个诱惑时，我们可以给自己一个承诺：如果 10 分钟后还抑制不住渴望，那就可以接受诱惑。

10 分钟，可以让我们的冷认知系统回归，从而做出理性的选择。

2. 空间距离

上面介绍了时间距离对诱惑的冷却效果，下面讲讲空间距离的作用。

心理学家通过实验发现，只是简单地增加诱惑物的空间距离，就能够减少诱惑。比如将饼干放在抽屉里、将手机放在够不着的地方等，这些简单的小策略能大大增强自控力。

3. 心理距离

经典的棉花糖实验中，实验人员让小朋友想象着给棉花糖加一个相框，将棉花糖想象成一幅图画。这种简单的抽象化处理，让小朋友的等待时间大大增加。这个策略，本质上就是在心理上增加与诱惑的距离，从而让诱惑失去热刺激效果。

10 分钟法则以及在诱惑与情绪脑之间增加距离、障碍，让我们得以从即时的热认知系统中跳出来，恢复冷静和理智。

以上策略也印证了"象与骑象人"的心理学比喻，我们来简单回顾 WOOP 心理学中关于"大象的语言"的内容。

"大象"只有"看到"，才能产生渴望、才会动力十足地去追寻近在眼前的诱惑，其对应于我们的现实表现就是"头脑发热""动力十足"。所以，远离诱惑是冷却情绪脑的关键。

二、如何激活冷认知系统

我们应该都有过这样的体验。

拿到一个任务，一看时间还早，心想"明天再说吧"，然后，明天推到后天，后天又推到大后天……直到某个时刻，退无可退，拖无可拖，突然间效率十足，迅速完成任务。

这是我们非常熟悉的现象，人们戏称："最后期限（Deadline）是第一生产力。"

确实，如果我们能够一直保持最后期限到来时的状态，一切难题岂不都迎刃而解了？那么，为什么一个人在最后期限来临时，学习、工作效率大大提高，和刚接到任务时的自己判若两人？

心理学家仔细研究过这个问题，探究其中的底层逻辑，他们的发现非常反常识：

刚刚接到任务时的自己和面临最后期限的自己，并不是"同一个人"，至少我们的大脑是这么认为的。

纽约大学的助理教授哈尔·赫什菲尔德（Hal Hershfield）用功能性磁共振成像研究了人类大脑对"现在的自己"和"未来的自己"的不同反应。

一般来说，比起思考他人，人类思考自身的时候，会更强烈地激活大脑的内侧前额叶皮质和前扣带皮层，但在思考"未来的自己"时，人类大脑这两个区域的激活作用减弱了，变得接近于思考他人时的状态。

通俗来讲就是：从情感层面看，我们没有把"未来的自己"当成自己，我们认为"未来的自己"只是一个外人。

这就很容易找到我们在刚接到任务时总是拖延的原因了。

我们把"未来的自己"当作外人，为一个外人"打工"，自己又得不到什么好处，当然会消极怠工、能拖则拖了。我们没有把"未来的自己"当成自己，这就是问题的根源。

那么为什么在临近最后期限的时候，我们的工作热情和效率又大幅提高了呢？

因为在临近最后期限的时候，由于"未来"临近，我们清晰地感知到："未来的自己"并不是外人，正是我们自己。如果不拼命工作、如期完成任务，我们的利益就会受损，所以，我们当然就动力十足了。

那么，通过这个研究，心理学家想告诉我们什么道理呢？

第一，拖延是人人都有的倾向。

我们经常受拖延的困扰，这并不是说我们本身出了问题。没有人非常特殊，天生奇才，绝不拖延。拖延倾向是人人都有的，因为我们都容易把"未来的自己"视为外人。

第二，拖延是有救的。

虽然拖延是每个人都有的倾向，但是否会发展成拖延症，则取决于我们后天的训练和管理是否有效，而这有效的训练和管理是可以做到的。

这种克制拖延的自我训练和自我管理的核心要素在于让"现在的自己"把"未来的自己"当成自己，也就是说，加强对"未来的自己"的感知和认同。解决了这一点，就很大程度上解决了拖延问题。

那么，我们如何才能加强对"未来的自己"的感知和认同？

或者，如何像最后期限来临时一样高效学习、工作？即如何激活冷认知系统？

心理学家给出两个原则。

第一个原则：缩短"未来"距离。

我们很喜欢讲目标、战略，动不动就谈人生规划，再不济也要有年度目标，但相比长期规划，大脑更能接受短期规划。因为，大脑认为，短期计划是"自己"，长期规划是"外人"。因此，我们需要把大计划拆分为小计划，然后执行好小计划。

第二个原则：加强对"未来的自己"的感知。

哈尔·赫什菲尔德还做过这样一个实验。他将被试分为两组，向其中一组被试展示他们当下的影像，向另一组被试展示通过技术处理后他们衰老的影像。之后，赫什菲尔德询问两组被试："如果你们有 1000 美元，你们会怎么用这些钱？"

也许你猜到了，那些看过自己衰老影像的被试，计划从这 1000 美元中支出的养老金的金额，是看了自己当下影像的被试的 2 倍。

在这个例子里，赫什菲尔德实际上是通过向被试展示未来的自己的影像，强化了被试对未来的自己的认同和感知，从心理层面把老年的自己当成自己，从而对老年的自己负起责任。

同样的道理，我们也可以通过具体描绘未来的方式，比如，写给未来的自己的一封信，畅想自己的追悼会、墓志铭等，极好地加强与未来的自己的连接。

总之，如果我们对未来的自己有更高的认同、更清晰的感知，那么我们就容易对未来的自己负责，从而更理性地延迟满足、战胜拖延。

所以，如何像最后期限来临时一样高效学习、工作？

那就是拥抱未来的自己！

具体而言，就是通过练习将未来的自己形象化。在头脑中想象，3 年、5 年后理想的自己是怎样的，有怎样的穿着、怎样的笑容、怎样的举手投足等，越清晰、具体越好，然后给自己画一张画像，打印出来放在桌前。

长远的治本之策：躯体标记理论

诱惑本质上是理性脑排斥，但情绪脑渴望甚至欲罢不能的东西。在短期内，我们可以通过激活理性脑、冷却情绪脑，让我们远离诱惑，但是，这种远离是暂时的，因为我们并没有从根本上改变情绪脑的偏好。

就如同刷抖音、玩游戏等，虽然这次控制住了自己，但它的诱惑性仍然存在，下次稍不注意，它们就又会冒出来，甚至控制我们。

所以，改变情绪脑的偏好、改变我们对诱惑的态度，才是长远的治本之策。

那么，如何改变情绪脑的偏好呢？

这涉及情绪的一个基本理论——躯体标记理论。该理论是著名神经心理学家安东尼奥·达马西奥（Antonio Damasio）提出的。躯体标记理论指的是当我们面对一个刺激时，若该刺激激发了我们的某种感受，我们就会在"刺激—感受"之间建立联结，以后想起、面对该刺激时，自然能体会到某种感受。

比如，很多人在刷抖音时体会到高度的愉悦，就会将抖音与愉悦的感受连接起来，所以，一想起刷抖音，就会涌现愉悦的感受。于是，他们即使理智上知道要控制，手却会不知不觉拿出手机刷个痛快。

这就是躯体标记的力量。

躯体标记本质上是感受标记，而情绪是显著的感受，因此躯体标记理论也可称为情绪标记理论。它借用我们的感受、情绪，把世界分为两类：一类是让我们感觉好的，这类刺激通常对我们有利，我们要趋近这类东西；一类是让我们感觉不好的，这类东西通常对我们有害，我们要远离这类东西。

很显然，躯体标记理论是极其有价值的进化策略，在它的帮助下，我们能够趋利避害，更好地生存。

但是，我们也必须看到这种进化策略给我们带来的困扰，比如，在过往的生活中，我们将游戏、娱乐标记为积极情绪，如喜欢、高兴、享受，而将学习、健身标记为痛苦、不喜欢、遭罪，这样的标记对我们的发展非常不利，需要我们刻意修正。

那么，如何改变躯体标记呢？

这涉及标记的核心逻辑——体验。

在初始阶段，我们与刺激互动，形成了对事物的某种感受，它们固化形成标记，至此，我们对刺激的偏好就形成了。

同对一个人的印象一样，偏好一旦形成，新的经验、新的信息就很难再起作用，因此，标记就非常固化。比如，学习体验不太好，我们对学习产生了不好的印象，情绪上将学习标记为不喜欢，一想起学习就很抗拒，但实际上，学习并非总是痛苦的事情，很多时候也是很愉悦的，甚至有心流体验，但情绪标记是非常僵化的，一经建立就非常稳固，如果不刻意澄清，它很难改变。

所以，我们需要刻意体验，重新用心体验，引入新的感受，打破僵化的情绪标记，从而改变我们对事物的标记与态度。

这里提供一个方法——刻意体验记录，即专门记录某件事情的感受。通过持续记录，我们能更新感受，打破僵化的情绪标记，改变情绪脑的偏好，从而改变我们对事物的态度。

以玩游戏为例，我们可以这样做。

记录玩之前的感受，比如内心冲动、愉悦、渴望等想法；

记录玩游戏一二十分钟时的愉快体验；

记录玩游戏一两个小时时的无聊、乏味、厌恶；

记录玩游戏之后的内疚、后悔、疲惫。

记录几次，我们对游戏的感受就能慢慢被修正。

再比如学习，我们可以这样记录：

记录学习之前的纠结、挣扎；

记录学习过程中的内心平静、获得感悟时的快乐；

记录学习后的收获、充实感、愉悦感。

几次之后，我们就能真正意识到，学习也可以是一件很爽的事。

我们可以通过这种主动记录，梳理自己的体验，从而更新情绪记忆，产生真正的改变。

这样的记录太有价值了，我甚至专门在笔记软件中设定了一个"刻意反思感受"的主题，记录生活中的各种反馈，刻意修正我对事物的看法、感受、情绪。慢慢地，我发自内心地喜欢的事情越来越多，如阅读、写作、跑步、瑜伽、社交等。

这里摘抄我写过的一段记录。

2015 年的一个周六下午，因为一件事情受挫，我的心情非常不好，陷入一种消极的状态。我习惯性地通过玩游戏解压，并刻意记录自己的心情，发现越玩心情越糟糕。于是我出去跑步，等跑步回来后，记录下跑步后的心情，发现此时我的心情非常好，非常愉悦，而且精力充沛。

　　这个记录，不仅让我对什么是有效的解压方式有了清晰的认识，也真正感受到跑步的价值。记录改变了我对游戏、对跑步的看法。

　　于身心有益的东西，必然是令人愉悦的。刚开始可能会有一点痛苦，这点痛苦，就成了大多数人的阻碍。通过"刻意反思感受"笔记，我可以突破这道阻碍，体会到真正的愉悦，真正喜欢上于身心有益的东西。

如何应对失控：触发点策略

　　相比情绪脑，我们意志力系统所在的理性脑的形成要晚得多，是相对比较脆弱的。就如同"象与骑象人"的比喻，仅仅从力量上看，"骑象人"是不如"大象"的，所以，从大脑神经演化看，失控是一种正常现象，甚至是一种必然现象。我们被各种诱惑包围，稍不注意，就会被诱惑俘获。

　　所以，我们必须接受一个事实：面对诱惑，失控是很正常的。

　　受到诱惑、失控这很糟糕，但客观来看，一次失控也就一小时、两小时、一天、一周，它本身并没有多大的伤害，我们还有很多时间去补救。

但面对失控时，我们往往不会这么冷静，我们会因为失控而贬低自己、否定自己、攻击自己，如此一来，失控的影响就不仅仅作用于失控的那段时间了，它会泛化到其他时间、方方面面。失控让我们心情变坏、自信降低，甚至开始自暴自弃。

这就是失控的时间伤害、心理伤害、精神伤害，是真正具有破坏性的二次伤害。

失控不是问题，如何应对失控才是问题。面对诱惑，我们要未虑胜，先虑败，要打有准备之仗。

那么，如何有效应对失控呢？

首先是心态上的准备，即我们要接纳我们必然会失控的事实。

其次是能力上的准备，即在接纳我们必然会失控这个事实的基础上，积极地接纳失控、应对失控，降低失控的二次伤害，并尽快从失控中恢复。

当我们被诱惑控制时，当我们处在失控后自我贬低的悔恨中时，我们是被情绪脑控制的，我们的理性脑基本处于停滞状态——在我们最需要理性脑把我们从失控中拽出来的时候，它罢工了！

当我们受到诱惑、失控时，通常而言，我们会失控很长一段时间、自责很长一段时间。等我们的情绪得到释放、缓解之后，我们的热认知系统冷静下来，冷认知系统被重新激活，然后生活才又慢慢回到正轨。

这是一个自然的恢复过程，但这样一个过程，不仅浪费时间，还消耗心理能量，也会影响我们的自信心。所以，必须找到一个办法，让我们在被情绪脑裹挟时，能够毫不费力地采取行动，尽快回到正轨。

触发点策略就是一个办法。触发点就是给大脑发送一个条件信心，让它按照预定的流程执行。"如果……那么……"这个简单的干预，就能大大提升执行效率。

为什么"如果……那么……"会有效？

因为它是我们大脑喜欢的模式。大脑不喜欢决策，做决策非常消耗意志力。触发点，本质上是利用大脑惰性的力量，通过减轻大脑的决策压力，让大脑自动导航。

比如开车，初学时非常困难，但熟练后，我们几乎不需要思考，根据车况环境，自然就能毫不费力地做出各种反应，这种自动化的背后就是触发点效应，也就是一系列被内化的条件反射，一系列的"如果……那么……"：

如果红灯，那就松油门、踩刹车；

如果右转，就打转向灯、方向盘；

……

在红灯、右转这些触发点的提醒下，下一步行动会自动展开，无须思考，无须意志。

触发点策略能让我们的大脑毫不费力地自动导航，这种导航究竟有多大的提升效果呢？心理学家为此做了大量实验，得出的结论是：效果很惊人！

厄廷根教授曾在学期末给学生布置作业，让一半的学生以"如果……那么……"的形式制订计划，即在什么时间、什么地点做作业；而对另一半学生没有任何提醒。到了新学期，厄廷根教授发现，两组学生提交的作业有很大差异：没有制订"如果……那么……"计划的学生平均只完成了100道题，而根据"如果……那么……"制订计划的学生平均完成了250道题。

简单的干预，提升了 150% 的执行效果。

这就是"如果……那么……"的执行力量，心理学称之为"执行意图"。所以，当我们被诱惑控制或者处在自我贬低的悔恨之中时，提前设置触发点，我们就可以借助大脑的力量，从二次伤害中走出来。

比如，针对追剧的诱惑，可以这样用"如果……那么……"来应对："如果沉迷追剧，那么直接跳到最后一集，先看结局"；或者"如果沉迷追剧，那么暂停 10 分钟，出去走走，找朋友聊聊天；如果 10 分钟后还想看，那就继续看"。在做容易沉迷的事之前，提前想好"如果……那么……"。

"如果……那么……"策略非常高效，但据训练营的小伙伴们反馈，有时即使提前写好"如果……那么……"，也经常做不到。这涉及习惯的养成问题，习惯是经过大量的重复才做到不用思考、自动化的，所以，在我们刚练习的时候，可能做好了"如果……那么……"计划也想不起来执行，这时就需要另外一个工具：清单。

这里简单介绍下清单。清单的理念非常简单，最早起源于医院的重症监护室（ICU）。医院对 ICU 的病人有 178 项护理操作，每项操作都有风险，仅靠医生、护士的大脑无法妥善处理，必须通过清单对照操作，方能确保医疗效果和医疗安全。

如同 ICU 的复杂挑战，现代社会的复杂性也已经超出了人脑所能及的范围，我们的大脑需要辅助，而清单就是一种极为有效的方式。所以，我们可以构建一个"如果……那么……"触发点清单，并随身携带。当我们处在情绪中时，清单可以指引我们做该做的事，而不用再进行理性思考。

通过这样的触发点清单，我们可以有效应对失控，尽快从失控、自责中挣脱。

我有两个非常成功的朋友，他们的核心习惯都跟清单有关，一个是问题清单，一个是需求清单。虽然这些清单记录的内容不同，但本质上都体现了清单思维。

在一个技术发展越来越快的社会，我们越来越需要清单给我们提供力量。

管理诱惑的目标：区分诱惑与娱乐

前面介绍了抵御诱惑的逻辑，上述策略可以让我们有效地管理诱惑，但这些方法也给我们一种感觉：诱惑是不好的，是需要管理的，是需要被消灭的。

诱惑真的是不好的吗？诱惑真的需要被彻底消灭吗？

我想我们应该首先来区分一下诱惑和娱乐。

我们的生活大致可以分为 4 个部分：生活、工作、学习、娱乐。优质的人生，必然是 4 个方面达到相对平衡的状态。诱惑之所以让人深恶痛绝，不是因为它给我们带来娱乐和享受，而是因为它破坏了人生程序，干扰了生活、工作和学习，让人生失去了平衡（见图 2-3）。

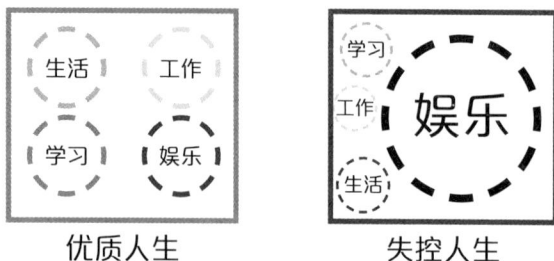

图 2-3　优质人生与失控人生

所以，管理诱惑的关键，不是我们是否玩了手机、玩了游戏、看了小说、刷了抖音、追了综艺，而是这些诱惑是否影响了我们的生活，是否影响了我们的追求，是否影响了我们的目标，是否影响了我们的人生。

我想举一下曾国藩的例子。曾国藩作为晚清中兴名臣，后世对他的评价褒贬不一，但我仍然推荐大家看《曾国藩日记》，这是一个"大人物"对他人生真实、完整的记录，是极难得的一手资料，不管你喜不喜欢他本人，都可以从中汲取营养和智慧。

曾国藩年轻时就发誓要戒掉围棋，因为他曾因沉迷围棋，浪费了很多时间和精力。但结果如何呢？直到六十多岁去世前，他还在下围棋。

就戒围棋这件事而言，曾国藩失败了；但从某个角度讲，他又是成功的。

曾国藩在官场、战场中面临巨大压力，围棋是他少有的解压方式、娱乐方式，让他的心灵得到滋养。而且，他也能控制下围棋的时间，一天也就下一两局放松一下，围棋成了他释放压力的有力工具。

我对小说的态度其实与曾国藩对围棋的态度很相似。我以前想了很多策略、做了很多努力，试图戒掉看小说的习惯，但直到现在，我还是没有戒掉。其实说"戒"，已经不准确了，看小说已经成了我生活方式的一部分，是我解压、娱乐的一种方式，让我在创业的艰难困苦中，有个空间能够放松一下、休整一下，得以恢复能量，然后去面对外界的压力与挑战。

所以，管理诱惑，不是一刀切地抵御诱惑，而是将诱惑纳入人生，作为平衡工作、生活、学习、娱乐的调味剂，让我们获得一个优质的人生。

例如网络，我们当然不能一味抵制，但我们希望成为网络的驾驭者，将网络纳入我们的生活框架，享受网络的便利和娱乐。

总之，我们不是要抵御诱惑、消灭诱惑，而是要管理诱惑，将诱惑纳入人生框架，构建一个适度娱乐，工作、学习、生活相平衡的人生。

这才是我们管理诱惑的目标。

以我对美食诱惑的管理为例。美食的诱惑太大了，这也是很多人减肥失败的罪魁祸首，但其实，我们不需"谈美食色变"，合理饮食即可。至于如何合理饮食，躯体标记理论正是我采取的方法——我刻意记录了饭后的感受：

5～6分饱，会感觉比较饥饿，不太好受；

7分饱，略有饥饿感，但不难受，甚至还有点舒服；

8～9分饱，没有饥饿感，但也没有愉悦感；

10分饱，觉得撑，不舒服；

吃撑了，会非常难受，而且会自我责备，产生挫败感。

通过这样不断地澄清饮食与感受之间的关系，我就能够确定什么程度的饮食是舒服的，什么程度的饮食会让自己难受。经过一段时间的自我觉察，我自然而然就能做到合理饮食。

对于生活中大多数的诱惑，我们需要做的是平衡，而不是彻底消除。

第四节
如何克服困难
——转变心态的力量

如何克服严重的拖延？

如何克服完美主义造成的负面效应？

有些事明显对自己有益，为什么无法去做？

怎样在压力下工作？

为什么越努力，越焦虑？

这些都是知乎上的热门问题，类似的问题还有很多，关于拖延、恐惧、压力、完美主义等，不一而足。这些问题会严重阻碍我们实现目标。

人类可能遭遇的问题太多了，一一分析，根本不现实，但如同列夫·托尔斯泰（Leo Nikolayevich Tolstoy）的经典名言：幸福的家庭都是类似的，不幸的家庭各有各的不幸。

在做一件事的过程中，我们会遇到各种各样的难题，但做成一件事情的底层逻辑是相似的。根据时间线，我们可将执行目标的过程分为以下两个阶段，每个阶段的任务也显而易见：

启动阶段：开始采取行动；

执行阶段：朝着目标迈进。

所以，虽然每个人面对的具体问题各不相同，或是负面情绪，或是拖延，或是完美主义，但究其本质，它们都具有共性：这些难题，要么让我们无法启动，要么让我们无法有效执行。

我们本质上是在面对以下两个难题。

启动阶段的困难：如何减少启动阻力，果断开始？

执行阶段的困难；如何减少执行阻力，有效执行？

要解决这两个难题，除了情绪调节的技能、克服拖延的技能、压力调节的技能等各种解决具体问题所需的技能，还有一个关键的共性要素，那就是我们自己。

我们是执行者，是最终解决问题的人，而在面对困难时，我们每个人的心态是不一样的。同样的困难，有些人能够勇敢面对，战而胜之，而有些人则因为个人因素，放大了困难，最终被困难降服。

所以，要想解决这两个问题，我们必须调整、打磨我们的心态，让我们能够更好地面对困难、处理困难，最终战胜困难。

启动阶段的困难：从理想心态到现实心态

人为什么会拖延？

为什么一件事情明明很重要、很有价值，但我们就是迟迟不去做？

个中原因有很多，但我认为，一个最大的障碍来自本身的理想心态。

什么是理想心态？简单来说，就是脱离客观现实、客观规律的理想主义，比如以下这些情况：

一个从来没有尝试过力量锻炼的人，一开始就给自己制订了一个每天坚持做 100 个俯卧撑的计划；

一个很少看书的人，一上来给自己制订一个每周读完一本书的计划，并且买了一大堆书；

……

这样的目标很诱人，但这样的计划基本不可能实现，因为它们违背了客观规律，具体而言，就是违背了客观的人性规律、客观的自然规律！

所以，不管内心如何鞭策自己、如何焦虑，有些人就是会拖延、抗拒、排斥、做鸵鸟，归根结底，是因为目标脱离了现实、脱离了客观的人性规律和自然规律，是一种想当然的理想主义。

一个从来没有尝试过力量锻炼的人，他合理的计划也许是每天做 10 个俯卧撑，并做到每天坚持；

一个很少看书的人，他合理的计划也许是每天看上几页，并做到每天坚持；

……

这样的计划，不仅合理，而且更容易实践、执行、坚持。

这是尊重现实规律的力量。

如果能够把握客观世界的客观真相，比如事物发展的真相、做成一件事情的真相，那么我们的生活不仅极其高效、事半功倍，甚至"无为而为"。

这里的"无为而为"，指的是不用太费力，自然而然就能做到。

比如上面说到的，一个从来没有尝试过力量锻炼的人，为了锻炼出完美的腹肌，一开始就雄心勃勃地计划每天做 100 个俯卧撑，我想他是无法坚持的，完美的腹肌自然也就无从谈起了。

因为，人性是畏难的。

《微习惯》一书的作者斯蒂芬·盖斯（Stephen Guise）洞悉健身的逻辑，他没有给自己制定这种野心勃勃的目标，而是给自己制定了"每天做一个俯卧撑"的小目标，这一习惯被很好地坚持下来了。

这就是洞察事物真相、掌握真理的力量。

微习惯的本质，就在于通过小目标大大降低心理负担，让人更容易坚持。如果仅仅如此，微习惯并没有值得称道之处。实际上，设立微小目标的玄机在于：很多事情，难在开头，难在启动。我们做了一个俯卧撑，就会想"要不再做一个"，一点点叠加，也许就能养成锻炼的习惯。

如果洞察了这个玄机，我们就可以在生活中运用微习惯，比如，成为意志力达人，不一定要汗流浃背地苦苦坚持，也许每天记录一条"意志力笔记"即可；

成为自媒体人，不需要每天写出一篇深度好文，也许每天写作 30 分钟即可；

……

如果我们掌握了真理的力量，哪怕仅仅是一个微习惯背后的真理，我们的生活、工作效率将大大提升。

那么，如何从理想心态到现实心态，让问题落地？

答案很简单，第一，尽可能破除自己身上不现实的理想主义；第二，掌握尽可能多的真理、真相、规律，然后践行。

比如写作，很多人被卡在开头，写了删，删了写。一个几十字的开头，可能卡好几个小时。之所以如此，就是因为他们怀有一种不合理的信念，也就是理想主义信念，就是希望能一蹴而就写一篇一字不改的深度好文。但写作的逻辑不是这样的，好的文章是一稿一稿修改出来的。我遵循"每篇文章的初稿都不忍直视"这样的现实心态，毫无压力地随意挥洒；有了初稿后，再去修改，最后整理出好文章。

生活中，我们会有很多不合理的理想主义，需要我们一一破除，代之以尊重现实规律的现实心态，这个过程需要时间。这里我以训练营学员为例，探究他们的理想主义与改进后的现实主义。

关于写作——学员甲的案例

理想心态：写的内容要有深度，要有趣，要能够引起大家的共鸣；最好能一下子写出一篇热门文章，涨很多粉丝。

现实心态：一开始不完美是正常的，再厉害的高手也做不到完美，一步一个脚印地写，慢慢总结经验。

关于早起——学员乙的案例

理想心态：幻想可以变成一只"早起鸟"，享受早起多出来的 2 小时时间；憧憬每天只睡四五个小时却依然精力充沛、斗志满满。

现实心态：审视自己的实际作息，先解决晚睡问题，再实现早起目标。

关于整理衣服——学员丙的案例

理想心态：想找个时间把衣柜和整理箱里所有衣服拿出来，一次性整理录入 App，并在 App 内分好类、做好标记。

实际心态：这个大工程本来就很难一次性完成，更实际的做法是一次整理几件，虽然进展慢，但开始行动就是好的。

理想心态实在太多，甚至每个人都有自己独特的理想心态，一一列举实在是不可能，符合实际的做法是牢记理想心态这个概念，在遇到拖延的情况时，问问自己："有哪些不切实际的理想心态限制了自己？符合实际的心态是怎样的？"

这个问题更现实，也更有价值。

执行阶段的困难：从结果心态到流程心态

一、知识经济的新要求：从"把事情做正确"到"做正确的事"

彼得·F.德鲁克（Peter F. Drucker）是最早提出知识经济的人，他区分了两种经济形态：体力经济和知识经济。

传统的生产线就是体力经济，效率决定价值，提倡"把事情做正确"，因为要做的事情很简单，工作方法是确定的、可模仿的、标准化的、不需要创造力的，其成果可以进行量化评估、考核；而知识经济下人们所从事的工作非常复杂，工作方法是不确定的、个性化的、需要创造力的，而且大脑的产出是难以预期、难以量化的，因此，知识经济提升效能的途径不再是对结果进行考核以促进产出，而是坚持"做正确的事"，产出是"正确的事"的副产品。

对于简单的体力劳动，对结果进行考核确实能够大大提升效率；但对于知识经济、技能经济，一味想把事情"做正确"，就成了阻力。因为"事情是否正确"是我们无法控制的，强行控制不能控制的事情，只会增加我们的心理负担，这时候就需要"做正确的事"——通过控制我们能控制的、控制流程，而不是将结果作为考量指标，我们才能够创造更大的效能。

不关注结果，却创造更好的结果，这是知识经济时代的逻辑。

简而言之，在知识经济时代，我们涉及一个根本的转变，即从"把事情做正确"转变为"做正确的事"，这在知识经济时代极为重要。

在知识型社会，我们从事的工作越来越复杂，这就要求我们从传统的关注结果转而开始关注流程。我们唯有聚焦流程，处理好流程，控制好流程，才可能期望好的结果。相应地，我们就要做好心态上的调整，即从传统的"把事情做正确"的结果心态，转变为知识型社会"做正确的事"的流程心态。

二、如何从结果心态转变到流程心态

心态的改变，不是一次领悟就可以。心态，本质上是一种思维习惯，而习惯的养成，是长期坚持实践的结果。

这涉及改变的底层逻辑。

我们通常以为的改变过程是：先想清楚问题，然后领悟，再自然做出改变。

但在真实的改变中，顺序是相反的，是先做出改变，然后思考方式才会改变。

因为，在改变的流程中，我们的已有心态会阻止我们改变，更准确地说，它会让我们无法坚持改变，因此，传统的由内而外的改变会成为我们改变的阻力。

我们的自我认知会被过去禁锢，所以一个人的思维方式很难自发地改变，从而导致思想和行为也无法改变。因此，改变思维方式需要外在的推力。

改变本质上是突破舒适区、是拓展新的自己，唯有先行动后思考。改变自己的行为、做一些之前没做过的事，这些新的行为、新的经历以及它们带来的好处、成就感，会帮助我们突破固有的思维、行为习惯，塑造新的心态。

欧洲工商管理学院组织行为学教授埃米尼亚·伊贝拉（Herminia Ibarra）在其著作《逆向管理》中总结了上述改变的底层原理："如果要像领导者一样思考，唯一的办法就是先像领导者一样行事。"

所以，如何改变结果心态、塑造流程心态？

答案就是：刻意管理好流程，刻意做正确的事。

著名网球教练艾伦·范恩（Alan Fine）在其经典著作《潜力量》中介绍了一个案例。

他刚开始做网球教练时，会仔细地告诉学员如何正确地握拍、如何正确地发力、如何正确地击球等，他发现，在练球过程中，学员一直纠结自己握拍是否正确、发力是否正确、击球是否正确等，导致练习止步不前。

后来他意识到，是他之前让学员关注结果、纠结结果的教学方法成了学员成长的阻力。因此，他改变了教学方法，不再教学员怎样正确握拍、正确发力、正确击球，只是告诉学员忘掉之前学的技巧，只要在球触底反弹时，你说"弹"；当球碰到你的球拍时，你说"打"。就这么简单。

就是这样简单的调整，让学员的表现大幅改善。他意识到，他之前的教导，让学员过分关注结果是否正确，这造成了很大的干扰，而通过简单的"弹""打"将学员的注意力聚焦到流程，做好每个流程，自然就能够获得好的副产品，也就是结果。

以我自己做自媒体为例。聚焦于流程、坚持做正确的事情，给我带来了巨大的变化。

首先，我对自己变得更有耐心了，我不再急于达到预先制订的目标，而是专注流程，享受过程。

自媒体从业者普遍焦虑，就是因为错误地过度关注结果，即涨粉、增加流量，他们要做的"正确的事"应该是学习、阅读、思考、实践、写文章……做好这些事情，关注量自然会增加。

其次，我感觉每一秒都在实现目标，都在朝着目标前进。即使面对失败，我也会内心平和，并且产生充满自信的感觉。

聚焦于流程，会让我们真正做有积累的事情，真正提升自己的能力，而这会带来真正的自信和内心平和。

专注于流程，本质上是专注于当下。做好此时此刻的事

情，成功是坚持做正确的事情后自然而然得出的结果。这和
托马斯 M. 斯特纳（Thomas M. Stemer）在《练习的心态》一
书中描述的"练习的心态"是同样的道理。虽然很多人对练
习的心态存在误解，但道理并不难懂，如何时刻记住并执行，
这才是关键，这需要刻意练习。

如果把结果当成唯一的关注点，我们会越来越狠地逼迫
自己，要求自己只许成功不许失败、只许前进不许后退，这
样做，成功是无源之水，成功是镜花水月。

最后再分享一位学员从结果心态到流程心态的转变。

关于面试题准备

结果心态——把事情做正确：一个月内刷完面试题。

流程心态——做正确的事：先将面试题中自己不会的知
识点了解透彻，看它们能解决什么问题；将使用方法和应用
场景等都掌握。

感受

这两天意识到自己的学习态度出现了问题，急于求成。
转变心态后，不再把刷完面试题作为目标。遇到一道面试题，

发现自己还没有彻底掌握这类知识点，就会去学习、去理解，争取更好地掌握它。

这样做了两天，我不再过于关注结果，而是始终关注提升自己。内心平稳、不断学习新知，使我对自己更有掌控感，也能学有所获。

如何有效应对挫折

——走出情绪困扰的两个方法

遇到挫折怎么办?

那就再来一次呗。

这是最简单的做法,也是最实用的做法,但为什么很多人一次没考好、被领导骂一次、分手一次,就会一蹶不振呢?是他们不明白这个道理吗?

并非他们不明白这些道理,而是在经历挫折的当下,他们会经受最猛烈、最强烈、最直接的心理冲击,很容易灰心、丧气、颓废、沮丧、自暴自弃;他们被情绪劫持了,似乎整个世界都是灰暗的,根本无法理性应对。

如同有位心理学家所说:"我们的理性在情绪的有限区间

之内，所以，有效地应对挫折的关键是处理好挫折带来的情绪困扰，进而恢复理性，这样才可能有效地应对挫折。"

那么，要如何从挫折中恢复理性呢？

这里推荐两个行之有效的方法：一个是认知解离，它让我们有效应对挫折带来的即时冲击，尽快恢复理性；一个是成长心态，它让我们从根本上改变对挫折、失败的看法，从心态上接纳挫折、失败，缓解甚至消解挫折的冲击力。

一、认知解离

在介绍这个概念之前，我先介绍与它配对的另一个概念：认知融合。

认知融合，就是将想法、感受、情绪当成事实。比如，失败一次，脑子里会出现一个想法："我永远也无法成功"，并不加批判地接受这个想法，将这个想法当成事实，一旦接受了"自己永远也无法成功"，自然就会放弃努力，自暴自弃；再比如，当情绪低落时，我们就会认为现实很糟糕，一切都很糟糕，没有希望，我们将当下的感受当成了客观的事实，从而失去了奋起改变的决心和信心。

认知融合使我们把变化无常的想法、情绪、感受当成客观的事实，从而把我们困在想法、情绪、感受之中。我们经常说，想法、感受、情绪是主观的，也是客观的，就是这个道理。如果我们接受了它们，那么，不管事实如何，它们在我们的大脑中就都成了客观事实。

而认知解离，则是区分想法、感受、情绪与事实。"不识庐山真面目，只缘身在此山中。"我们经常会被认知融合卷进想法、感受、情绪中，而认知解离需要我们同它们保持距离，站在一个局外人的角度去看待它们，看到它们与事实的区别。

认知解离让我们能够辨别什么是主观、什么是客观，让我们跳出当下的感受，重新审视当下的情境，从而打破主观的牢笼。

认知解离的方法很简单：察觉一个想法，然后刻意地告诉自己"我正在感觉"，比如"我正在感觉自己永远也无法成功"，这样刻意地区分想法和现实，就很容易让我们跳出来审视自己，看清楚真相，打破思维的桎梏，打破消极思维的自我设限。

同理，感受、情绪也这样处理。当我们觉得很低落、很沮丧时，尝试告诉自己"我正在感觉低落"，通过这样的刻意区分，我们可以意识到：低落、沮丧只是当下的感受，不是固化的常态，更不是生活的事实，它们是变动的、流动的。

在遭遇挫折时，我们会不加批判地认为"我是笨蛋""我这辈子完了""我永远也做不好"，等等，通过刻意地认知解离，我们能够跳出主观意识，客观地审视挫折，拉开与挫折的距离，从而跳出情境，慢慢恢复冷静、理性，自然能够正确地应对挫折了。

二、成长心态

斯坦福大学心理学家卡罗尔·德韦克（Carol Dweck）根据我们面对失败时的表现，归纳出两种不同的心态：固定心态和成长心态。

固定心态认为，我们的能力和才智是与生俱来、固定不变的，成功不过就是要证明你的能力，证明你是聪明的、有才华的。所以，对于固定心态而言：

自我价值 = 能力；

自我价值 = 表现；

自我价值 = 他人评价；

自我价值 = 分数；

自我价值 = 薪资；

自我价值 = 身高；

自我价值 = 体重；

……

　　仿佛自我价值等于一切，任何事物都会决定我们的自我价值。

　　持固定心态的人，其自我价值是开放的，永远在不停地匹配，所以，他们容不得任何错误、任何批评、任何失败、任何负面评价，因为一次的失败，对自我价值就是一次毁灭性的打击，因此，持固定心态者的世界充满风险，他们总是小心翼翼、惊恐不安地生活，实在是苦不堪言。

　　与固定心态相对的是成长心态，这种心态的核心信念是：能力和才智不是与生俱来的，是可以培养的。对于成长心态

而言，能力 $=f(t) \times$ （成功的实践 + 失败的实践）

$f(t)$ 是时间函数，所以对于持成长心态的人来说，他们享受时间的红利，他们会有时间的格局，不在乎某一次的结果，而重视每次实践的过程。不管是成功的实践，还是失败的实践，他们都能坦然接受，并从中汲取经验，不断成长。

这就是固定心态和成长心态的区别，这两个概念非常简单，孰优孰劣也一目了然，我们都希望拥有成长心态，但我们生活中养成的多是固定心态，这严重制约了我们的发展。

所以，如何从固定心态转变为成长心态就成了我们重要的人生课题。

心态本质上是一种思维习惯，要改变根深蒂固的习惯，要重塑思维习惯，必须经过大量的练习、长期的练习，在坚持练习的过程中，自然而然打破固定心态，塑造成长心态。

以我个人为例，我从固定心态到成长心态的转变，破局之旅始于"知乎"。

2016 年之前，我意识到了固定心态的弊端和成长心态的核心价值，我给自己做了很多心理建设，但成效其实并不明显，直到 2016 年，我开始在知乎平台上写东西。

　　刚开始，防守性的完美主义非常困扰我。每次写回答时，开头就被卡住了，绞尽脑汁几个小时，可成果寥寥几十字，写了删，删了写，总是不满意，总是不像预想中那样完美。

　　所以，第一个月，我一共才写了 2 个回答。

　　后来，我开始反思，开始用成长性思维指导自己，像一个持有成长性思维的人一样做事。

　　我说服自己，草稿就是草稿，草稿就是烂，只管去写就好。

　　然后我开始毫无顾忌地去写。

　　没有了自我监控、自我评判、力求完美的压力，草稿一般很快就能写成。更加神奇的是，草稿写完后常常一个字都不需要改。

　　另外，作为自媒体人，有时候发出的文章会被人批评。辛苦写的东西得不到别人的认同，没有从事过文字创作的人可能不理解这背后的辛酸，但对于写作者，尤其是新手而言，这真的是非常严重的挫败和打击。

　　第一次失败让人痛苦，打起精神刻意用成长性思维指导自己，我发现挫败中也有很多收获，会让我成长；

第二次失败也让人痛苦，然后我刻意地用成长性思维指导自己，又有收获和成长；

……

经历了十几次失败后，失败不再是让人无法忍受的事了。我反而开始期盼失败，因为从失败中更容易成长。

在知乎上的反复磨炼、几百个回答，彻底塑造了我的成长性思维，让我真正能够接纳失败，真正认识到失败是人生的一部分，而且是非常重要的一部分。从失败中汲取养分，才能够真正成长。

这就是我的转变历程，不是冥思苦想、刻意提醒自己要打破固定心态，培育成长心态，而是一点点地像一个持成长性思维的人一样做事。例如，我在知乎平台写东西，我告诉自己："每一篇回答都是宝贵的经历。"然后，抛开一切包袱去写，等写完了再去修改，再去打磨。所以，在不到一年的时间，我获得了超过 10 万知乎用户的关注。

破除完美主义，破除固定心态，培育成长性思维。这样，我通过知乎平台有载体地练习，真正打磨出了成长性思维。

那么，你要如何破除固定心态、破除完美主义、培育成长性思维，成为一个精益求精的高效能者？

你生活中哪些事情是你的核心破局点，可以给你提供练习的机会，让你可以持续地、有载体地练习，像一个持成长性思维的人一样做事，最后成为一个拥有成长心态的人？

如果你找不到破局点，那么增强意志力也是培育我们成长心态的实践机会。将每一次与意志力相关的经历，不管是成功的，还是失败的，都当作成长的机会，刻意分析收获、启发。

如何坚持执行

——持续推进目标的两个工具

为什么有些人能自律而高效地实现目标，而有些人能拖则拖，散漫低效，甚至半途而废？

同样是学习，有些人三天打鱼两天晒网，而有些人则仿佛不知疲惫。

同样在职场中，有些人度日如年，数着秒等下班，而有些人不仅主动加班，甚至与工作"谈起了恋爱"。

同样是编程，有的程序员觉得这种工作辛苦且枯燥，调侃自己是"码农"，而有的程序员却乐在其中，做梦都在琢磨编程。

为什么同样的任务、同样的追求，甚至同样的初心，大家的表现差异会如此之大?

我们通常认为这是每个人意志力强弱不同造成的,但其实这是巨大的误解。绝大多数时候,问题不在于意志力,而在于正反馈。

那些学霸之所以学习动力十足,是因为他们发现,越学习收获越多,既有个人内在的收获,如解决问题的乐趣、成长的喜悦、自信心的提升等,也有外在的收获,如同学的羡慕、老师的表扬、父母的称赞、亲朋好友的夸奖等,这些积极的反馈带来的巨大动力,消解了一个人坚持的辛苦。

学霸们并不是苦苦在坚持,咬牙切齿地学习,而是积极反馈让他们动力十足,想停都停不下来。

职场精英同样如此,各种积极的正反馈让他们欲罢不能,想停都停不下来。

被正反馈推着走,是一种事半功倍的学习和工作模式。这种自律和高效其实并不太费力,甚至可能并不需要付出太多的意志力。

两种截然不同的人生,关键就在于是否有积极的正反馈。

那么,如何获取积极的正反馈呢?

很多人对正反馈的理解非常狭隘，认为反馈是基于结果的，只有做好了，才有正反馈，比如只有成绩好了，才会有同学的羡慕、老师的夸奖、父母的肯定，但其实，正反馈并非只能从好的结果中获得。

比如，同样是考试结果不理想，有些人视其为"灭顶灾难"，从此一蹶不振，而有些人则将之视为更好的学习契机，积极分析失误原因，总结经验，反而激发了斗志。

所以，反馈远不只是结果导向，还涉及我们的信念，涉及我们如何看待结果，这其实就是固定心态与成长心态的区别！

影响我们获取正反馈的是注意力焦点。心理学家研究发现，我们的注意力取向是"负面偏好"，也就是说，我们更容易关注负面结果，而忽视正面成果。

这在进化上是合理的。因为进化的环境是危险的，生物必须警惕负面的威胁才能确保生存。但我们现在生活在一个安全、富足的环境中，过分关注负面信息，不仅会让我们活得很小心、很辛苦，而且会让我们忽视很多积极的反馈信息与成果，从而严重限制我们的发展。

另一个影响反馈的因素是进步感。面对考研，有些人每天学习，但越学越乏力，因为每天的进步相较于最终的考研，实在是太微不足道了，感觉永远都准备不好，于是变得灰心丧气；而有些人将考研目标系统地分解到每天、每周、每月，每一天的付出都看到了收获，看到自己朝着目标迈进，就如同游戏的进度条，不停地往前滚动，这让他们动力十足。

所以，反馈是一种能力，需要我们刻意掌握、刻意提升。通过从生活、工作中挖掘积极的正反馈，我们可以动力十足，高效而自律地追求目标。

为此，我设计了以下两个工具。

每周一记：通过刻意梳理收获、总结收获，我们能看到自己的进步、感受自己的进步，从而对实现目标更有信心。

感恩日记：通过刻意调节我们注意力的焦点、关注生活中的积极面，我们能获得当下的正反馈以及源源不断的内在动力。

如何获取正反馈：每周一记

这个工具，其实提炼自 2016 年我在知乎上的一个回答：

你个人成长的"私密武器"是什么？

我的回答是：每周一记。

当时在思考这个问题时，我罗列了所有带来成长的习惯，如读书笔记、自我暗示、事后总结、提前规划、保持自律等，最后还是选定每周一记。

这个每周一记的习惯自 2014 年开始坚持，回过头看，我生活中的重大变化都与这一习惯息息相关，它之所以能成为个人成长的"秘密武器"，是因为它是核心习惯，就像一个杠杆的支点，长期坚持，自然而然就撬动了生活的全面变化。

每周一记很简单，分为以下 4 个部分：

一是上周梳理；

二是上周点评；

三是下周计划；

四是年度目标、五年目标及人生目标。

为什么每周一记的作用如此巨大呢？

这里我不想从理论层面阐述，只作为一个坚持实践这一方法很久的人，从反馈、调整、坚定这3方面分享我的个人感悟。

一、反馈

很多时候，我们难以长期坚持目标，不是实现目标有多么困难，而是因为过程中得不到准确的反馈，我们感受不到细微的进步。

在思考这个问题之前，我一直以为即时反馈最重要。作为自媒体人，我特别关注粉丝量的变化，每天都会记录，但逐渐发现，我对每天的关注变化越来越麻木，哪怕一天收获四五百名用户的关注，我仍会因为某个回答点赞少而郁闷。

是我越来越贪婪，还是我渐渐失去了快乐的能力？

其实都不是，答案在于我们与生俱来的本性：变化的适应性。

哪怕我们每天都在成长，但如果每天的成长量差不多，我们就会慢慢习惯，就会逐渐丧失对成长的感知和快乐，一旦丧失了这种感知和快乐，也就失去了动力的源泉，这对长期坚持实现目标的影响是致命的。但如果将时间延长到一周、对一周的收获做盘点，我就会惊奇地发现：原来这一周我做了这么多事、进步了这么多，原来我这么优秀啊！

快乐、激动之情让人不能自已！

拉开一周时间回顾每天的细微进步，会有一种从量变到质变的惊喜。

即时反馈很重要，但一段时间内的总结和回顾更重要，它能让我们对成长保持感知和快乐，这对长期坚持目标至关重要。

二、调整

调整包括两个方面：及时调整行为和及时调整目标。

1. 及时调整行为

取得进步或达成某个短期目标后，我们会因自我感觉良好而去寻求"应得的奖励"，这通常会导致失控，甚至让我们开始堕落，也就是俗话讲的"三天打鱼两天晒网"，心理学上叫"成长陷阱"。

比如，因为我在知乎平台上受到的关注激增，所以有段时间在睡前和醒后都会刷知乎。当时我并没有察觉自己这种很自然的行为有什么不妥，甚至在心里营造出一种自我认同感，认为这是在为答题而付出、努力，但我在写每周一记时发现，这种行为破坏了我正常的学习和工作节奏，而这种节奏对长期的成长与发展极为关键。

通过每周一次的纵览，我能跳出当下时间的局限，从全局角度看清问题所在，及时做出调整。

2. 及时调整目标

我 2016 年 4 月开始在知乎答题，当时预定的目标是年度关注人数达到 5000 人；到了 5 月初，我将这个目标调整为 1 万；6 月初，我发现年度目标似乎很容易实现，又将其调整为 5 万。这并不是个人狂妄，而是目标属性决定的。目标绝不应该是轻轻松松就能达成的，应该是在刻苦努力后，再努力踮踮脚才可能够得上的。

每周一记不仅可以及时评估目标进度，而且能及时修正目标，确保目标能够激发个人的潜能和斗志，能够帮我们整合身心资源，全力以赴。

三、坚定

牢记长远目标，不因一时得失而舍本逐末。

说实话，我在知乎平台上不到两个月就做到了关注量破万，这确实让我有一种上瘾、飘飘然的感觉，我逐渐迷失，一时忽视甚至遗忘了在知乎上写作的初衷，而每周一记能时时提醒我牢记长远目标。

宏大、长远的目标，往往容易被遗忘，这也就是为什么"不忘初心"是那么可贵和难得。而每周一记通过每周一次的提醒，让我牢记长远目标，不在乎一时的得失，不会在面对名利时迷失，不会因为一点小进步而沾沾自喜，而是始终坚持目标，朝着正确的人生方向前进。

以上内容，是我 2016 年的思考，每周一记也见证了我在知乎平台上的整个成长过程。

从 2016 年到现在，我从一个知乎新手到辞职创业，到带团队做产品，到经营一家公司，这 5 年的变化很大，大到我都觉得人生太不可思议了。作为一个迷茫的人、一个没什么见识的人、一个不知道如何突破现状的人，在每周一记的引导下，我硬生生地、自下而上地突破了个人局限、见识局限、环境局限，过上了一种超出我过往认知的生活，慢慢走出了一条越来越精彩的人生之路。

我非常感谢每周一记给我带来的变化，在此将它推荐给你。我相信，只要给它一点时间，它也能带你走向你渴望的生活。

如何获取正反馈：感恩日记

我严重怀疑，"感恩日记"这个名字，会毁了这个工具。

这个工具是我在行动派非暴力沟通的线下培训课中学到的。刚开始，听到感恩日记这个名字，我其实很反感，脑海中浮现的是"鸡汤"：感谢他人，感谢世界，感谢阳光雨露，感谢生命中的一切……

但这次我听到的，跟我之前了解的感恩日记完全不一样：我们要感恩的不是阳光雨露，不是他人，而是"过去的自己"做了什么让"现在的自己"感觉美好、自豪、有力量的事情。

不是感谢他人，而是感谢自己。

不是感谢世界、阳光雨露，而是感谢我们自己的付出和努力。

这才是感恩日记的核心本质，这与我过往对感恩的理解完全不一样。

感恩日记的具体步骤很简单。

第一步，列出生活中你做过的 3 件值得自豪的、令你高兴的事情；对于每件事情，描述你当时的状态、当时的感受，并探索你为什么感恩这件事情，它满足了你的什么需求。这是一个自我澄清、自我了解的过程。

第二步，列出生活中 1 件你本可以做得更好的事情，这件事情实际可能做得不太好，让你心情有些沮丧，有点受打击；描述你的感受，探索你对这件事情的底层需求是什么。这也是一个能更好地了解自我的过程。想一想，你如何可以做得更好。

这是我在课程上听到的感恩日记的理论，然后，我果断抛弃了我一直在坚持的"记录成功""反思日记""每日一记"，因为感恩日记完美地整合了这 3 个工具的功能。

下面我们来分析一下写感恩日记的意义。

一、刻意聚焦资源：记录成功

感恩日记是选取生活中让我们感到美好、自豪、有力量的事情，最关键的是这些感觉是因为我们做了些什么才得到的。

这其实就是我一直在坚持的"记录成功"。我在文章中分享过这个方法，就是刻意记录自己的点滴成功，刻意反思这些小成功，从中提炼成功的逻辑，从而推动自己成长。

在面对失败时，我们很容易自我反思，从错误中汲取经验教训，这是人的生存本能，是非常自然的。失败是成功之母，失败确实很重要，但汲取再多失败的经验，也只能让我们避免犯同样的错误、避免再次失败。

而避免再次失败，不等于追求成功，这是两个逻辑。

所以，如何理解成功、复制成功、放大成功也很重要。

当我们面对成功的时候，我们往往是在享受成果、享受胜利的喜悦，很少主动反思"为什么会成功"，并从中获取经验。所以，我坚持用日记软件记录成功、反思成功，从成功中汲取营养。

记录成功，分析成功，进而从一次小成功走向更大的成功！

感恩日记，本质上是记录自己的一系列小成功。对自己的小成功越来越敏感，你就会越来越擅长成功。

二、刻意反思提升：反思日记

反思日记大概可以分为以下 3 个步骤：

第一步，发生了什么（描述事情的过程）；

第二步，为什么会这样（归因）；

第三步，如果再次面对这样的事情，怎样才能做得更好（反思提升）。

我估计，大家都"写"过反思日记，即使没有形成书面文字，也都在脑海中反思过。

就像我上面写的，面对失败、面对做得不好的事情，我们自然而然会反思如何才能做得更好，这是我们的本能，也是非常必要的。

如果记录成功是从成功走向更大的成功，反思日记就是记录失败，从而避免再次失败。

三、刻意重构生活：每日一记

我曾经坚持每天写日记，但后来写着写着就不想写了，因为日记要么记录的是些流水账般的东西，要么记录的是生活中做得不好的事情，本来是想通过记日记提升自己，但结果与其说是反思提升，不如说是在批判自己、攻击自己。

我们的日记是客观的，但我们的感受是主观的。

如果满篇的日记都是在谴责自己、攻击自己、否定自己，从短期看，这种反思有价值，但从长期看，我们记录下的都是自己做得不好的内容，这为我们定下了灰暗的基调，也让我们的自信心倍受打击。

而在感恩日记中，积极的事情与消极的、有待改进的事情的比例是 3∶1，短期看，这其实就是在扭转我们天生的"负面偏好"，让我们开始聚焦生活中常常被忽略的正向资源，通过这种刻意的注意力调整，我们会逐渐打破负面偏好，聚焦正面资源。

记录，本质上是在强化记忆，坚持按照 3∶1 的比例去记录生活中积极和消极的事情，这其实是在重构我们的生活。这种重构，会让我们开始真正地欣赏自己、欣赏自己的生活，开始由内而外地爱自己、喜欢自己、感谢自己。

我们看到的生活越来越美好，我们自己也会越来越美好。我们会在不知不觉中受到滋养，自下向上、由内而外地变得自信，变得内心强大，变得美好！

至于为什么是 3∶1，就要讲到心理学研究。心理学的研究指出，生活中积极的事情与消极的事情 3∶1 的比例，是一个关键分界点：积极的事情少了，我们的生活就会进入内耗、灰暗、无力的螺旋下降模式，生活会越来越糟糕；而积极的事情多了，我们就会进入动力十足、充满生机、积极向上的螺旋上升模式，生活会变得越来越好、越来越阳光。

所以，按照 3∶1 的比例刻意重构，我们能造就截然不同的人生！

四、认识自己

感恩日记也是一个自我探索的过程。我们很多时候很迷茫，是因为我们不知道自己的需求，不知道自己真正想要什么。感恩日记可以帮助我们持续、刻意地探索我们的底层需求。确定了自己的需求、清楚了什么是我们真正珍视的东西时，我们的目标和方向自然也就找到了。

感恩日记，本质上是一个自我探索、自我了解的过程。

五、练习写感恩日记的变化与体验

1. 一个经验丰富的人

我在线下课中认识了一个坚持写感恩日记多年的人，向他请教了写感恩日记的经验。

他参加过传统的感恩练习小组。他以饭前感恩举例。第一次练习的时候，他感觉非常有力量，这种感恩能够调动参与者内心的善良，让参与者感受到世界的美好，但这种调动是非常肤浅的，练习几次之后，就成了一种僵化的仪式。所以，开饭之前，他只想着，别磨叽，赶紧吃吧。

后来，在接触到全新的感恩日记理论后，他开始练习感谢自己，即每天坚持记录并感谢生活中3件让自己感觉自豪的、强大的、有成就感的事情。

当他坚持感谢自己后，他感到一些事情变化了：他开始真正认识自己、了解自己，从而认识了自己的能力、自己的资源、自己的优点。

他开始自我认可，内心慢慢变得强大了。

这就是感恩日记的魅力。

出于进化的原因，我们是负面敏感的，非常擅长关注、捕捉负面的东西，进而自我指责、自我否定。而感恩日记是在刻意调整我们的注意力，将注意力调整到我们的资源上，让我们关注自己已经具备的，而不是自己没有的。

刚开始，你可能会觉得感恩日记很刻意，甚至有一点虚伪，但随着注意力的调整，我们的世界会跟着发生变化：我们自然而然开始自我肯定、自我认可，真正变得自信。

他说坚持大约40天时，他的内心变得越来越丰满、越来越充盈，并开始慢慢地溢出、渗透身边的人。他由近及远，

发自肺腑地开始感谢家人、感谢朋友、感谢普通的人，甚至
开始感谢这个世界。

感恩自己，滋润自己，强大自己，才能溢出能量，进而
去感恩他人。感恩是一种能力，是内心强大者才可能具备的
品质。

2. 我个人的练习感受

（1）看到与现在不一样的生活

在刚开始时，每天记录 3 件让自己感到美好、自豪、有
力量的事，而且是自己努力的结果，这确实不是一件容易的
事情。

并不是生活中没有这样的事，而是我们活得太麻木了。
我们对小成功、小确幸视而不见。所以当我刻意写感恩日记
时，第一个想到的是总做不好的事情、有待改进的事情，但
当我刻意搜索小成功、小确幸时，我突然发现，我想写的远
不止 3 件事，我会发现：原来今天我做成了、做好了这么多
事情！这让我突然很惊喜，感觉整个生活都变得不一样了，
像是突然打开了一个新的世界、新的人生，感觉很好，甚至

会有一点成就感。

刻意写感恩日记，会让我们跳出传统的、麻木的、消极的视角，开启新的体验："原来我做了这么多""原来今天没有荒废""我还是蛮不错的"等。

生活的内容虽然没变，但视角变了，我们大脑中"生活的样子"也就跟着变了。

我们的生活像是被重构了。

短期看，今天的生活变得不一样了；长期看，这种视角会让生活越来越美好，给生活添加越来越多的资源。

（2）看到自己真正的需求

有一次我参加一个演讲沙龙，我很紧张。我一直以为这种紧张是因为自己恐惧演讲，但是，当我去探索自己内心的需求时，我突然发现，原来我真正的需求是表达自己和展现自己，我紧张的原因并不是来自对演讲本身的恐惧，而是担心无法很好地展现自己。

通过这种澄清，我看到了自己的需要，也看到了自己的成长。

我这样写，大家看起来没有什么感受，但对于我自己而言，这是一个成长里程碑，是非常有价值的事情。如果我不去刻意澄清，我会一直认为自己是因为恐惧演讲而紧张。那么，我在演讲这方面的成长，可能就会因为这种随意的归因而被扼杀。

总的来说，对于需求的澄清，让我的关注重心发生了转变，从过去关注缺陷、不足、怯懦转为为未来布局，这是一个很大的调整，也是一种很细微的感受。我想，当你真的澄清自己的需求、发现自己真正的需求与自己想的完全不一样时，你会真正明白我想说的。

（3）脚踏实地的自信

我在等公交、坐地铁的碎片时间里，偶尔会翻翻感恩日记，这种翻查会让人变得自信，而且是脚踏实地的自信。

我们的记忆潜力可能是无限的，但我们能记住的东西是有限的，比如，你现在能回想起一周前的今天做的事情吗？

除非特别有意义，否则你肯定忘得差不多了，而感恩日记让我们留下了痕迹。

记住的即是真实的生活。

当你翻看感恩日记时，你会有一个"上帝视角"，有一种顿悟：原来我做了这么多，原来我过去做得还真不错。

这是一种很大的滋养。

我之前写每日一记时，偶尔也会刻意翻着看看，回想某天发生了什么，但让我回忆起来的更多的是做得不好的事情，所以，看几次就不想看了。

而不时地翻看感恩日记，我觉得挺有意思，而且非常受启发。

感恩日记让我们越来越多地看到自己的正面资源，给予我们内心潜移默化的滋养。久而久之，我们会越来越接纳自己，越来越感谢自己，越来越感到安全、自尊、自信，然后，一些变化就自然产生了，我们会变得越来越好奇，越来越愿意尝试，越来越愿意挑战，越来越有勇气，越来越勇敢地追求自己想要的人生。

本章小结

这一章在回答"如何坚决地执行意志？"，这个问题被拆解为三个子问题：

1. 如何对执行过程保持觉察？

2. 如何克服执行中的难题——抵御诱惑，克服困难，应对挫折？

3. 如何坚持执行意志，朝着目标推进？

为了解决这 3 个问题，我们设计了 11 个工具，分别是：

1. 如何对执行过程保持觉察？

　——意志力笔记。

2. 如何克服执行中的难题？

（1）如何抵御诱惑？

——平息热认知；

——激活冷认知；

——躯体标记理论；

——触发点策略。

（2）如何克服困难？

——理想心态→现实心态；

——结果心态→过程心态。

（3）如何应对挫折？

——认知解离；

——固定心态→成长心态。

3. 如何坚持执行意志？

——每周一记；

——感恩日记。

很显然，这些工具在构建我们的 5 个底层执行能力体系：

保持觉察的能力；

抵御诱惑的能力；

战胜困难的能力；

应对挫折的能力；

坚持执行的能力！

世界很复杂，社会很复杂，人生就更复杂。作为普通人，我们很难有一个一帆风顺的人生，但我们确实可以通过构筑底层的能力体系，成为一个"对"的人，从而有效解决人生中的各种问题和挑战，获得一个优质的人生。

我想，这也是我们培养意志力的意义所在！

第三章 —

如何精进意志力

精进能力的底层逻辑

对情绪的研究表明，仅仅阅读与情绪相关的图书、接受情绪的培训，就能大幅提升情绪管理能力。

其实，读书、学习，不仅可以提升情绪能力，还可以快速提升其他各种能力。在这方面，我个人深有体会。自2012年开始涉足心理学领域，尤其是自2016年以来，我借助自媒体平台以教促学，大量阅读，广泛学习，高产创作，短短几年的时间，我在心理学研究方面的见解和能力日益优化；写出的文章，哪怕是我的老师、心理学领域的前辈专家，也都非常认可，乃至赞誉有加。

这让我一度沉迷在快速成长的喜悦中，孜孜不倦地大量阅读，大量涉猎，快速成长，快速提升，但2018年的抑郁，给了我当头一棒。

作为一个心理学从业者，在面对情绪的冲击时，我居然如此不堪一击。学得再多，掌握得再多，在真实的考验面前，我也根本没有还手之力！

这样的学习成长，除了博得一片赞赏声，还有什么价值和意义。

这个问题困扰了我很久。最终，我在国际著名教育心理学教授安妮塔·伍尔福克（Anita Woolfolk）的著作《教育心理学》中关于知识分类的理论中找到了答案。伍尔福克认为，完整的知识分为以下 3 个层次。

第一个层次是陈述性知识。这是一种显性的知识，就是可以从书本、课程、互联网中学习到的知识。这种知识可以通过有意识的回忆予以复述，是可以讲述出来的。

陈述性知识本质上是一种说明是什么（what）的知识。

第二个层次是操作性知识。这是一种隐性的知识，是一种唯有经过练习或实践才能掌握的知识。

陈述性知识好比说明书，是描述如何做的知识。说明书看起来很简单，给人一种"知道即搞定"的感觉，但安装过家具等复杂的东西的人才明白，说明书有时候像是一堆"正确而无用的废话"，要想把东西组装起来，就一定要去操作，而且要操作好几次才可能得心应手。

所以，操作性知识本质上是一种真正知道怎么做（how）的知识，是一种技能，是对陈述性知识刻意练习、刻意实践的结果。

第三个层次是自我调节知识。自我调节知识本质上是一种条件性知识，就是知道在什么情境下用哪些陈述性知识和操作性知识来解决问题。这其实是实践的智慧。

就好比高中做的题目。陈述性知识是课堂理论，操作性知识是课后做习题掌握的知识，很多人课堂上学得不错，练习题做得也很好，但一到考试就懵，或者有时候做题需要简单"瞟一眼"答案才能文思泉涌。这其实就是条件性知识没掌握好，不能灵活运用我们已有的技能。

这个层次一定来自实践，来自对实践的思考、解决、反馈，唯有不断实践，才能真正积累、积淀这种知识。

简而言之，陈述性知识是描述"是什么"（what）的知识；操作性知识是真正知道"怎么做"（how）的知识或技能；自我调节知识是知道"为什么"（why）、"何时"（when）、"何地"（where）运用我们已经掌握的陈述性知识、操作性知识来解决问题的实践智慧。

所以，我找到了自己抑郁的原因。

虽然我活跃于网络，读了很多书，写了很多文章，自以为利用自媒体平台以教促学的优势实现了快速成长，但是，我采用的方法虽然是很有用的能力提升方式，甚至是最快速的能力提升方式，但仅靠这种提升，最终获得的只是一种虚幻的成长，在现实面前很快就会被打回原形，因为自己缺乏很关键的操作性知识、自我调节知识，所以，不管我如何阅读、思考、写作，终究是不得要领，只不过掌握了很多陈述性知识，去写所谓的"深度文章"尚可，甚至可能备受欢迎，但在真实的考验面前却是百无一用、不堪一击的，也就是所谓的"懂得了很多道理，却依然过不好这一生"。

这个洞察，直接导致了我的辞职。我从稳定的平台跳出去，在现实生活中磨砺、挑战，真正学以致用，用以促学，在现实挑战的锤炼中，全面提升知识的三个层次，真正掌握能力、提升能力。

陈述性知识、操作性知识、自我调节知识，这是知识的三个层次，也是真正掌握一项能力的底层逻辑。意志力的提升当然也需要遵循这个逻辑，所以，要想真正提升意志力，我们要兼顾以下 3 个层面。

第一个层面是陈述性知识，也就是掌握本书的意志力知识体系、实践体系，也就是"知道"；

第二个层面是操作性知识，也就是通过练习，消化、吸收知识，将知识真正转化为能力，比如刻意练习本书提到的工具、方法，确保能够"做到"；

第三个层面是自我调节知识，也就是在实践中灵活运用知识和能力解决意志力问题，比如生活中的拖延、诱惑、失控、无法坚持目标等，要能够运用与意志力相关的知识和能力，灵活解决这些问题，确保真的在生活中"用到"。

唯有兼顾这三个层面，我们才可能真正掌握意志力。在日常生活中，我们更容易沉迷在"陈述性知识"层面，就好比读这本书，在读的过程中会有很大的收获，甚至以为读完了就已经掌握了意志力，但我不得不打击大家，这只是美妙的幻象，我们还需要在现实生活中练习、实践，唯有如此，才可能真正掌握意志力。

所以，真正掌握一项能力并非易事，这也是知乎上经常有人提问"为什么道理都懂，但就是做不到"的原因，因为懂道理只是达到了最简单的"陈述性知识"层面，看看书、听听课就可以达到。在网络时代，知识极为丰富，这样的成长非常容易，但掌握这些知识真的不够，真正难的是如何用心学习操作性知识、自我调节知识，这是真正消耗精力和心力的事情，也是真正有价值的事情。

网络时代，行动者最珍贵！

精进能力的底层方式

陈述性知识、操作性知识、自我调节知识，这是精进能力的底层逻辑，但是不是掌握这个逻辑就足够了呢？

哈佛商学院教授斯科特·斯努克（Scott Snook）在"领袖心理学"公开课中区分了两种能力提升方式。

一种是传统的"知识（knowledge）+ 练习（do）"模式。知识，也就是陈述性知识，是知识的第一个层次；练习包括刻意练习及实践运用，也就是操作性知识、自我调节知识。他指出，这种传统的提升方式在逻辑上非常正确、有效，但在实际操作层面，其效果并不好，因为纯粹的练习、实践很难坚持，而能力的提升恰恰在于坚持。

另一种是"Be People"模式，它是传统方式的升级。我们不仅要有"知识（knowledge）+练习（do）"，还要有长期的动力，也就是渴望成为那样的人。比如，真正掌握领导力的人，不是聪明的人、学得快的人，而是真的想成为一个好的领导者的人。

提升意志力也是如此。提升意志力的底层逻辑，本书已经讲得很清楚，它并不复杂。所以，要想提升意志力，那么你要真的想成为一个意志力高手，真的想过上自己渴望的生活，唯有如此，方有动力持续提升意志力。

所以，关键是"Be People"，即真的想成为那样的人。那么，你真的想提升意志力，甚至成为意志力高手吗？

于我而言，这个问题非常确定，因为，唯有掌握意志力，甚至成为意志力高手，我才能在荆棘遍布的心理学践行之路上走下去，走得长，走得远，真的走出一条属于自己的心理学之路、成长成功之路。也正是基于这个原因，我近几年才会全身心投入意志力的学习、研究、实践，不仅如此，还将自己的所得写成了这本书。

所以，你需要问问自己：你真的想提升意志力，甚至成为意志力高手吗？

这个问题的答案越清晰，我们才越能真的投入去提升意志力、去磨砺意志力，学以致用，从而成为享受意志力红利的幸运儿！

能力提升专家提炼了"Be People"模式，其逻辑非常实用，是能力提升的底层逻辑。这些年，我也致力于提升意志力，关于这个问题，我也有自己的思考，我将其提炼为"有载体的学习"，这里也介绍给大家。

在正式介绍"有载体的学习"之前，我想谈谈关于性格改变的研究。

关于性格的研究很多，也受到了极大的关注，因为很多时候我们对自己的性格不满意，希望能够改变性格，但"江山易改，本性难移"，一句话道尽了改变的艰难。

性格真的无法改变吗？

肯定是可以的，否则关于性格的研究就失去了意义，但很多时候，我们改变性格的努力用错了方向。我们通常以为的改变性格需要个人努力、个人苦苦坚持，但其实不是这样的！

心理学的研究发现，塑造性格的力量有三股：先天的基因、过去的经验、未来的目标。

基因和经验塑造了我们的性格，这是性格的稳定力量，而唯一能够改变我们性格的，是目标的力量。我们可以设立一个远大的目标，在围绕目标奋斗的过程中，我们得以重塑自己的性格。

比如一个性格内向的人、一个不爱与人交际的人，如果他立志成为一个优秀的管理者、领导者，在追求这个目标的过程中，他自然就会打开自己，变得外向，变得爱与人交际。这个改变也许不容易，但真的会发生！

这就是目标的塑造力量。即使是难以改变的性格，如果有宏大的目标，也是能够改变的。

这里的目标其实就是"改变的载体"，性格的改变本质上就是"有载体的学习"。

关于有载体的学习，网络上还有一个很有意思的帖子：如何教父母学会打字？

一个非常聪明的回答是：最好的办法就是教他们用 QQ（那时候 QQ 主要用文字交流），剩下的他们可以自己搞定。

这其实就是有载体的学习：通过 QQ 这样的载体，父母在使用 QQ 的过程中，自然就能学会打字。这个过程有趣且不费力。

意志力提升也是这样，一定是有载体的。如果只是为了提升意志力而提升意志力，这个过程很难，因此，我们需要为意志力的提升寻找载体。这个载体可以是某个具体的目标，比如考研、考证，也可以是某个有趣的挑战，比如挑战 30 天早起、30 天运动等，通过这样的目标、挑战，逐步提升意志力。

我想，这个过程既贴近生活，又不刻意，关键是不枯燥。提升意志力的任务，就在生活中不知不觉达成了。

请以生活为载体去提升意志力！

本章小结

　　意志力是一门实践科学，更是一种实践能力。提升意志力，仅靠理性的学习，肯定是不够的，必须在实践中真正抵御诱惑、真正克服困难、真正战胜挫折、真正坚持执行。只有真的做到了这些，我们的意志力才能得到锤炼，得到提升。

　　而我们日常生活中的常见挑战，就是极好的提升意志力的载体。小到早起、坚持运动，大到生活中的挫折、压力，乃至逆境，都是我们锤炼意志力的机会。我们要在每一次挑战面前，善用意志力。

　　凯利·麦格尼格尔博士在《自控力》中把意志力比作肌肉，只有在一次次的锻炼中，意志力肌肉才可能得到强化，我们的意志力才能真正变得强大！

　　意志力，即心理对行为的主动支配能力，正来自我们一次次成功挑战自己、挑战现实的实战经历！

意志力高手的逻辑

为什么想要提升意志力，却不想要充满意志力的生活

虽然我们在学习提升意志力，但此时此刻，请问自己一个问题：

你真的想成为意志力高手吗？

我想很多人会毫不犹豫地回答："当然想啊！"但请扪心自问："你真的是想成为意志力高手吗？真的想成为一个长期自控的人吗？"

关于意志力，我们其实是有很多刻板印象的。一想到意志力，脑海中浮现的场景多是苦苦地咬牙坚持、苦苦地支撑、苦苦地自我控制等，都是些需要很用力的场面，如果真的作为意志力高手过一生，那得多么艰辛、多么辛苦啊。

我们想要提升意志力，是因为它可以帮我们抵御诱惑、克服困难、应对挫折、达成目标等，但我们不希望生活全凭意志力支撑，这样的生活太辛苦、太用力。因此，虽然我们理性层面想要意志力，但感性层面，也就是关于意志力的情绪标记是负面的，是令人退缩的。这就是我们纠结的原因，一方面想提升意志力，一方面又不愿意像意志力高手一样生活。这是无意识层面对意志力的矛盾态度，借用三重脑模型，我们可以更加清晰地看清这种冲突。

三重脑的最外层是理性脑，是理性主导的力量，也就是我们通常所说的意志力。

理性脑之下，是更强大的情绪脑，它体现了感性（情绪、情感）的力量。我们喜欢一件事，就会被这件事深深吸引，就会被拉着、甚至欲罢不能地想去做这件事；我们讨厌一件事，就会产生抗拒情绪，只想逃离。

理性脑、情绪脑之下，是本能脑，掌管诸如呼吸、心跳等自动化的本能行为，它本质上是自动化的力量。自动化的力量非常强大，比如早起刷牙，这样的事情，我们会感到费力吗？再比如骑自行车，刚开始小心翼翼，但等到我们学会了，做起来就自然而然，毫不费力。

从进化的时序上看，理性脑最后进化，它的力量也是最小的，"象与骑象人"的比喻很好地揭示了这一点，所以，如果仅仅依靠理性的力量去做一件事，确实非常辛苦、非常无力、非常难以坚持。

仅仅从力量的对比来看，意志力高手的生活并不令人向往，但相比本能脑、情绪脑，理性脑还有一个极为关键的优势，那就是理性脑是唯一受我们支配的部分，是发挥人的主观能动性的关键所在，我们之所以为人，正是因为理性脑的进化。因此，纽约大学医学院临床神经学教授艾克纳恩·戈德堡（Elkhonon Goldberg）称我们的理性脑（准确讲是前额叶皮层）为"大脑总指挥"。

在理性脑的"指挥"下，我们可以逐步统合整个大脑，做到理性脑与情绪脑的一致，甚至理性脑、情绪脑、本能脑三脑合一，所以，真正的意志力高手、真正享受意志力红利的人，绝不仅仅是意志力强大之人，更是整合三重脑的高手，能够将有限的意志力用在关键的事情上，而非仅仅靠意志力苦苦支撑。

因此，根据追求一个目标时三脑整合的程度，我们有三种不同的意志力状态。

第一种，坚持做"应该做""要做"的事情。这是指仅仅利用理性脑层面的力量，是一种痛苦的坚持、非常用力的坚持，我称之为刻意意志力。

第二种，坚持做"我想做"的事情，也就是坚持做自己喜欢的事情，比如坚持自己的激情、梦想、热爱的事业等。

这种坚持统合了我们理性脑、情绪脑的力量，在做这样的事情时，即使遇到困难、挫折、打击，即使需要长期坚持和投入，我们也能很好地坚持、充满激情地坚持，甚至矢志不渝地坚持。

以上就是心理学家安杰拉·达克沃思（Angela Duckworth）在《坚毅》这本书中提到的"坚毅的力量"，即"激情 + 坚持"，我称之为坚毅意志力。

第三种，坚持去做已经习惯的事情、自动化的事情，这是一种统合理性脑、情绪脑、本能脑，三脑合一的力量，是"激情 + 习惯 + 坚持"，是一种几乎不太用意志力的自然坚持，我称之为无意志力。

从刻意到坚毅，再到无意志力，这三种意志力状态，令我们的主观感受越来越好，其效能也越来越好（图 Ⅱ-1）。

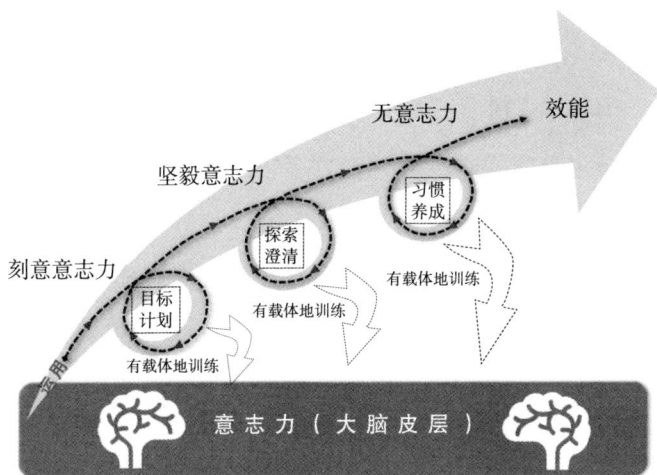

图 Ⅱ-1　意志力状态与效能的关系

以我个人为例。在刚开始培养阅读习惯时，我需要刻意地坚持、刻意地努力，即便非常辛苦，但一年也就能读两三本书；后来在阅读过程中，我真的解决了生活、工作中的难题，真的感受到了读书的价值，于是开始慢慢喜欢上了阅读，一年读的书就有十几本了；再后来，在长期阅读的过程中，我逐渐找到了适合自己的阅读方式，并将读书变成了一种习惯、一种生活方式，此后，我的阅读量大幅提升，从2018 年开始，每年阅读的图书有一百多本，而且是轻松做到的。

在阅读过程中，我非常享受，非常有收获，这就是习惯的力量。养成读书的习惯后，读书就变成了自然而然、毫不费力、自动化的事情。

现在的问题是：如何达到刻意意志力、坚毅意志力，乃至无意志力状态？

刻意意志力就是纯粹靠意志力坚持，也就是之前介绍的"确立目标""达成目标"的意志力完整作用过程。

坚毅意志力基于"激情 + 坚持"。基本的意志力是基础，但如何找到激情、找到未来的人生方向、找到愿意为之奋斗终身的事业，这才是关键。

无意志力，是"激情 + 习惯 + 坚持"的结果。这要求我们不仅要有基本的意志力、激情，而且要规范化、习惯化，借用习惯、自动化的力量，朝着激情的目标狂奔。

接下来的两章将围绕"如何达到坚毅意志力状态"以及

"如何达到无意志力状态"这两个问题展开。搞清楚这两个问题的底层逻辑后,我们就可以过上一种轻松、高效,不依赖意志力的生活。

第四章 | 如何达到坚毅意志力状态

如何找到人生方向

——人生观、价值观、世界观

寻找兴趣、方向，这不是理性思辨就可以解决的问题，它需要实践。仅仅实践还不够，还需要系统地实践、系统地探索、系统地反思，然后，才有可能找到答案。

所以，我们要从人生观、价值观、世界观的角度，系统地探索这个问题。

一、重构人生观

我曾就意志力方面的问题做过问卷调研，发现人生目标、人生方向是困扰很多人的问题，比如：

生活没有方向、没有目标，做什么都没动力，非常颓废，非常自责；

不了解自己，不知道自己想要什么，整天无所事事，非常迷茫，非常焦虑；

迫切想要认识自己，探索自己，了解自己真正的兴趣、目标，然后行动起来；

……

总结起来，以上问题有 3 个核心关键词：迷茫、没有方向、焦虑。如果我们仔细思考这 3 个词之间的关系，会发现它们本质上表达同一个意思：迷茫。

因为迷茫，所以没有方向；因为没有方向，所以无法行动和努力，人生只能停在原处打转，久而久之，就会非常焦虑。

所以，问题的主要原因在于迷茫，并由此衍生出一系列问题。那么如何破解迷茫、找到自己的兴趣和热情、找到人生的目标和方向呢？

有很多具体的方法，比如，我曾经用过的"10 分钟寻找人生目标"（后面会介绍）；再比如，前面推荐的感恩日记，通过每天刻意澄清自己的需求，逐渐自下而上地认清自己，从而找到自己真正想要的；还有很多其他方法，比如在专业人士的指导下做人生规划，或者看一些人物传记，通过榜样的力量激发自己追求人生目标等，这些都是具体的方法。

我曾经用这些方法去帮助别人，却经常呈现两种截然不同的效果：方法对有些人立竿见影，很快就能帮助他们梳理清楚自己；对有些人的帮助则不是很大。为什么同样的方法，效果却截然不同？

我仔细思考了其中的逻辑，我认为，一个核心原因就在于阅历和深度不同。这些方法都属于对内探索、对内梳理，是探索、梳理、整合目前已有的人生经验，它们之所以会有不同的效果，是因为以下两方面。

一是我们的阅历不够。

比如，高考填志愿时，我们本应选出自己喜欢的专业，但不管我们如何分析、梳理，好像都很难选出自己真正想学的专业，因为，我们的阅历实在太有限了，根本不了解自己的兴趣所在，所以有相当一部分人的志愿选择不尽如人意。

二是卷入深度不够。

　　很多大学生，在大学里参加各种社团、实践活动，做各种加法，但毕业后仍找不到自己的兴趣和方向，这是因为，兴趣是有门槛的。我们的人生兴趣，绝不是第一眼看到就不可自拔地爱上的。真正的人生兴趣不可能这么浅薄，它需要我们深度卷入，这样，才可能产生真正的热情、激情。

　　以我为例，我曾在稳定的平台工作，很早就接触了心理学，觉得挺喜欢的，就一直作为兴趣爱好来学习，后来还利用业余时间考了一个心理咨询师证，并做过一些简单的个案。2016 年，我开始在知乎平台和公众号上分享心理学知识，慢慢有了粉丝和影响力。2017 年时，自媒体与现实工作、生活产生了巨大的冲突，我面临一个抉择：是继续留在平台发展，还是辞职在心理学领域创业。经过半年多的纠结，加上生活、工作、情感的压力，我选择了妥协，放弃自媒体，远离心理学，继续在平台发展。

　　在做出这个选择的两三个月之后，我的情绪开始变得特别恶劣，感觉生命没有意义。后来诊断为抑郁。某天我看到一本心理学图书，书中提到很多心理学家都经历过诸如患焦虑症、抑郁症甚至精神分裂症等悲惨的心路历程，这些心路历程为他们成长带来了很大的价值。这给了我无限的启示和鼓舞，让我找到了疗愈的希望和动力，然后慢慢地走出了抑郁。

经历这样的事情之后，我才彻底澄清了自己的兴趣、热情和方向，果断辞职，全身心投入心理学行业。虽然没有了过去的安全感和稳定，但我找到了激情，找到了坚毅，找到了愿意为之奋斗一生的方向。

这是我寻找兴趣、热情的过程。我想，这才是兴趣、热情的逻辑，正如心理学家安杰拉·达克沃思在《坚毅》中所说："兴趣不是通过反思发现的，兴趣是通过与外部世界的互动引发的。发现兴趣的过程可能是凌乱的、偶然的、低效的，这是因为你无法肯定地预测什么会吸引你的注意力，你也无法简单地逼迫自己喜欢上某个东西。"

这才是寻找人生动力、激情的底层逻辑。走出迷茫，找到人生的兴趣、热情和方向，这是一个需要时间、需要努力的过程，而非简单的"一见钟情"。

美国著名的职业生涯规划师布赖恩·费瑟斯通豪（Brian Fetherstonhaugh）在其著作《远见》中指出，对数以万计职场人士的调查发现，健康的、优质的职业生涯分为三个阶段，也就是三个 15 年。

第一阶段：探索阶段，第一个 15 年。

这个阶段，职业生涯的主要任务是积极探索，是做加法的阶段。学习、探索、基本职业技能的培养，比职位、收入更重要。职场人要努力通过长期开放式的探索，寻找优势、兴趣与职业的交集。

第二阶段：聚焦兴趣和长板阶段，第二个 15 年。

第一阶段帮助我们寻找优势、兴趣与职业的交集，也就是我们的"甜蜜区"，在找到甜蜜区后，第二阶段就开始聚焦甜蜜区，这时会有一个快速发展，厚积薄发式地脱颖而出，在这个阶段，收入会大幅提升。

第三阶段：优化长尾阶段，第三个 15 年。

如果第一阶段、第二阶段的职业发展处理得很好，我们不仅会取得成就和地位，还会获得真正有价值的经验和智慧。进入第三阶段后，我们就可以选择继续发挥影响力，如做导师、二次创业等，此时会有一段精彩的职业经历。

图 4-1 是布赖恩看到的优质人生、优质职业生涯的共性模式。

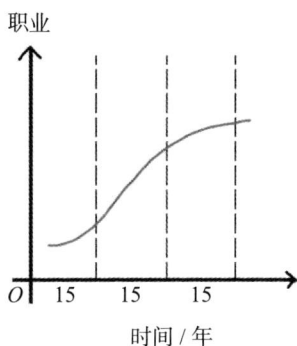

图 4-1　布赖恩优质职业生涯曲线

据布赖恩的调查，仅少数人拥有这样的职业人生、优质的人生、幸福的人生，大部分人在第一阶段由于过分急功近利，过分看重短期的收入，而放弃了对兴趣、热情、方向、目标的探索，没有找到人生激情，所以在第二阶段发展越来越平缓，甚至不进反退；到了第三阶段，就开始慢慢走下坡路（见图 4-2）。

职业

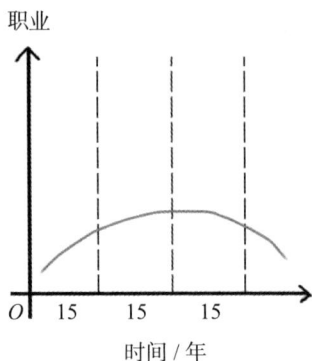

图 4-2　大多数人的职业生涯曲线

现在，很多人都追求"出名要趁早""要迅速走上人生巅峰"，而忽视了底层的自我探索、自我了解的过程，虽然在职业的起跑线上抢跑了，但要知道，完整的职业生涯、人生规划，不是百米冲刺，而是一场持久的马拉松，唯有长期坚持的人能真正笑到最后。

我们通常传统地把人生规划分成三个阶段：学习期、工作期、退休期。这种划分方法是在 20 世纪形成的，那时候人们的平均寿命是 60~70 岁，因此，人生三个阶段的时长分别为：

学习期（20 年）、工作期（30~40 年）、退休期（10~20 年）。

但按照目前关于寿命的科学研究，从 20 世纪初开始，随着科技的发展、社会的进步，人均寿命一直在稳步增长，平均每 4 年增加 1 岁，科学家预测，"70 后""80 后"的平均寿命大约是 90 岁，"90 后""00 后"的平均寿命大约是 100 岁。百岁人生似乎不再是虚幻的梦。

百岁人生，看起来非常美好，但它带来的绝不仅仅是寿命红利，百岁人生带来整个人生轨迹翻天覆地的变化，我们的人生观也需要彻底更新。

百岁人生的时代到来时，人们的工作时间会大大延长，这么长的时间，只有做喜欢的事情，才可能活得幸福。所以，《百岁人生》的作者特别强调了探索期——"这是大力投资无形资产的时期：创造选择，增强技能，建立网络，提高声誉，以及增加在未来的漫长岁月中所需的通货"，我们根据该书的设想，不妨把人生分为四个阶段（书中为五个阶段，这里将其定义的两个从事不同性质的工作的阶段简单定义为工作阶段）：

学习期（20 年）、探索期（10~15 年）、工作期（40~50 年）、退休期（10~20 年）。

毕业之后，我们有一段很长的探索期，不仅要探索职业的兴趣、爱好，还要仔细探索、寻找我们的终身伴侣。人生太长了，不管是工作还是伴侣，如果不是真爱，很难一起走完近百年的人生。如果探索期没有处理好，就很可能遭遇离婚、中年危机、老年危机等生活危机。

所以，我们要打开人生格局，从时间的维度看到完整的人生框架、看到优质的职业生涯，然后坚定地走自己的人生，耐心地、心平气和地保护和处理好我们的探索期。

做一个保持清醒的少数人吧！

二、塑造价值观

如何找到人生的兴趣、方向？

这个问题有一个关键前提：判断的标准是什么？

如果知道了标准，我们当然就知道什么是自己最喜欢的，什么是自己最想要的，自然也就很容易找到人生的兴趣和方向，但可惜的是，我们对自己的标准非常不清晰。

说到不清晰，很多人可能认为我们可以通过自我探索去确定这个标准，但这其实是自我探索最大的误区，因为这个标准并不是"生而存在"的，它是我们在选择中确定、塑造的，我们通过在生活中不断做选择和取舍，明晰自己想要什么、什么是对自己真正有价值的，久而久之，形成自己的标准，也就是我们的价值观。

比如我曾经面对职业选择的纠结：一个选择是继续留在稳定的平台，核心优势是安全、稳定；另一个选择是辞职创业，这条路很艰辛，也很不确定，但充满成长、挑战、磨砺、实践，而这些对于我心理能力的磨砺极为重要。

做这个选择真的太难了，我彷徨了很久。之所以如此，就是因为标准不确定，"安全、稳定"我所欲也，"成长、挑战、磨砺、实践"亦我所欲也。当真的面临鱼和熊掌的艰难抉择时，哪一个对我更有价值？

不管是"安全、稳定"，还是"成长、挑战、磨砺、实践"，其实都很重要，都很有价值，而且更难的是，这些标准根本无法比较，它们侧重不同的维度。到底是"安全、稳定"重要，还是"成长、挑战、磨砺、实践"重要，因人而异，没有标准答案。

在我的决策混乱期，我一会儿觉得"安全、稳定"好，一会儿觉得"成长、挑战、磨砺、实践"更重要，这搅得我不得安宁，真的非常痛苦。但最终，我选择了"成长、挑战、磨砺、实践"，因为探索并实践心理学对我的长期发展更为重要。

做出这个决定之后，我的价值体系就得到了一次澄清和梳理，"成长、挑战、磨砺、实践"的价值就愈发凸显、愈发清晰、愈发有指导作用，而"安全、稳定"则失去了吸引力。所以，我们通常需要价值观帮助我们决策，但有时候，我们的价值观也在极为艰难的决策中得以塑造和澄清。

所以，我将自我探索的逻辑总结如下：

（1）大多数时候，我们通过大量的主动选择，去澄清我们到底想要什么、不想要什么，从而澄清我们的价值标准。

（2）少数时候，我们也会通过艰难的选择塑造我们的价值观，在艰难的选择中，我们得以看清自己到底是更喜欢"鱼"，还是更喜欢"熊掌"。虽然这个过程很痛苦，甚至很残酷，但对我们的自我认知极有价值。

所以，选择，对于我们塑造价值观极为关键，但选择并

不容易，甚至极为艰难，它是一项需要大量实践才能积累的
能力。要想真正开启自我探索、寻找人生方向，一个底层逻
辑就是尽可能多地练习主动选择，通过选择，逐步澄清自己
真正的需要和价值观，进而明晰什么是自己真正想要的人生。

三、改变世界观

讲了与兴趣、爱好、激情相关的人生观、价值观，接下
来再讲讲世界观。所谓世界观，是我们对世界的认识。世界
在变化，我们的世界观应该随着世界的改变而改变，只有这
样的世界观，才能够真正指导我们、帮助我们。

在进一步展开介绍世界观之前，我先来简单概述一下马
斯洛需求层次理论（见图4-3）。

马斯洛需求层次理论概述了一个人的需求层次，从最基
本的衣食住行等生理需求，到安全的环境、稳定的工作等安
全需求，再到有朋友、有爱人的社交需求，再进一步是尊重
自己、被他人尊重的需求，最后是成长为最好的自己的自我
实现需求。马斯洛需求层次理论阐明了我们需求的变化方向。

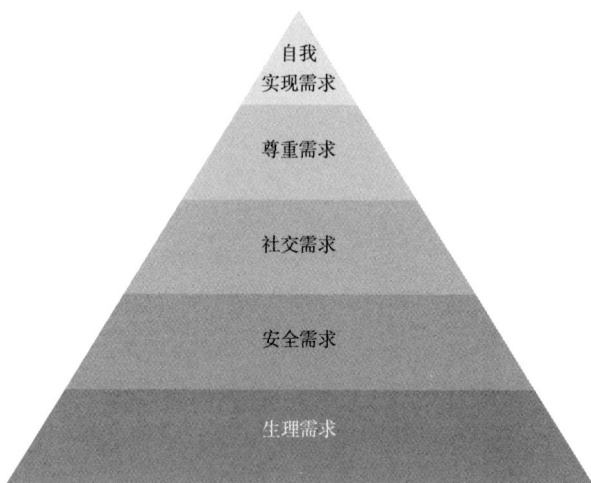

图 4-3　马斯洛需求层次理论

这里，我想借用马斯洛需求层次理论，阐明社会环境的重要变化。

以前，物质条件不足，人们挣扎在生理需求和安全需求这样的基础性需求层次上，面临诸多现实压力。在这些现实压力下，不管愿不愿意，人们都被现实推动着前行，虽然会很焦虑，很辛苦，但动力十足。而现在，我们处于一个历史性的转折期，正进入一个相对富足的社会，很少再为基本的生存忧虑。

进入富足社会，人类迎来了发展历程中的巨大转折，但这种富足，也带来一些值得关注的现象。最明显的就是现在日本流行的"低欲望社会"，大意就是，因为基本生存压力解除，满足基本的生活很容易，甚至不需要怎么努力，但要想过上优质的生活，竞争则非常激烈，所以，有相当一部分人放弃了激烈的竞争，甘心过"低欲望"的生活。

为什么"低欲望社会"在日本开始流行？

就是因为，我们只要稍微付出一点，就可以解决生理需求、安全需求，生存问题很容易就解决了，所以，驱动上一代人努力生存的压力已经无法驱动我们了。这个时候，我们应该被高级需求驱动，而能承载这些需求的，是梦想，是激情，是追求，是目标，我们需要这些东西吸引我们前行。

"匮乏社会靠鞭策，富裕社会靠吸引。"

我们的世界发生了根本性的变化，所以，我们的世界观也要跟着变化，要更加重视兴趣、爱好、理想、梦想的作用，如果无法因时而变，不重视探索，不重视寻找激情、动力，那么在寻找人生动力这个环节就会败下阵来。

上面从重构人生观、塑造价值观、改变世界观的角度，探索了兴趣、激情的价值及寻找兴趣、激情的标准，探究了兴趣、方向的底层逻辑。

经过上面的探索，"如何真正找到人生的激情和方向"这个问题就非常简单了。

我们要从心态上真的接受探索期，唯有如此，我们才可能走上探寻人生激情之路，但这并不容易，前文提到，根据布赖恩的调查，仅少数人从事着自己热爱的工作。当我们的选择与身边大多数人不一样时，我们真的能够坚持探索吗？我们真的准备好了吗？

如何从心态上真正接受探索期？

这是系统实践的第一个问题，要解决好这个问题，我们要真的从心态上接受探索期。

当我们真的接受探索期、真的开始投入探索时，我们需要搞清楚，我们到底想要什么、渴望什么、真正有价值的东西到底是什么，这本质上就是在明确我们的价值观、梳理我们的价值体系。一旦梳理清楚价值体系，我们自然也就知道了自己到底想要什么、想往什么方向努力，也就找到了人生的指南针。

所以，如何明确价值观、找到前进的指南针？

这是系统实践的第二个问题。

一旦明确了真正想要的东西、真正有价值的东西，我们也就找到了前进的指南针，也就知道努力的方向了。但价值观是很抽象的东西，就像成就、智慧、魄力，它们是非常有价值的东西，但非常抽象，它们是目的地，只能指引大概的方向，但如何到达这个目的地，就非常不清晰，而且有很多的路径和形式。比如我们追求成就和智慧，我们可以通过成为著名学者获得，也可以通过成为企业家获得，甚至可以通过成为一名家庭主妇获得。获得最终价值的途径有很多种，我们要探索适合自己的方式，也就是探索具体的人生目标。

那么，如何找到具体的人生目标？

这是系统实践的第三个问题，也是我们探索的最终成果，是我们激情、价值的具体载体。

针对这3个问题，我设计了相应的工具。

（1）如何从心态上真正接受探索期？

"24小时人生"模型。

（2）如何找到前进的指南针？

　　明确价值观；

　　自下而上地澄清价值观——"我选择……因为……很重要"；

　　自上而下地梳理价值观——价值观筛选。

（3）如何找到具体的人生目标？

　　10 分钟找到人生目标。

最后，我想分享两点我的个人感受。

第一点，关于格局。

人生观、价值观的澄清，是一个向内自我塑造的过程。这件事情本身就需要时间，这是客观规律。不管是职场的探索，还是百岁人生的探索，平均统计需要 10~15 年的时间。我个人的刻意探索大约用了 5 年时间。我们确实可以用系统性的指导提高探索效率、加快探索速度，但我们也要清醒地认识到，这个过程不是一蹴而就的，是需要耐心的，而且这个过程也不会那么容易完成，但是，一旦踏上这条少有人走的路，你会享受到只有少数人才能享受的巨大红利。

第二点，关于见识。

很多人以为自我探索是一个哲学式的向内自我思考过程。确实是这样。但它只是自我探索的一部分。自我探索还需要见识和阅历，没有见识、阅历的思考和反思，很多时候只能是庸人自扰。

所以，当你真的很迷茫、很困惑时，你需要的不仅仅是哲学的自我探索类的指导帮助，你还需要做加法、去刻意实践、去刻意打开自己的生活、去刻意认识一些不同的人、去刻意看看优秀的人在做什么。

要刻意增加自己的见识!

如何真正接受探索期

——"24 小时人生"模型

快 30 岁了，还一事无成，怎么办？

这是知乎上的一个热门问题，有近千万的浏览量，背后其实反映了这个时代共同的焦虑：在这样一个求快的社会，30 岁了还不成功，实在是太可怕了！

我也曾被这样的问题困扰，经常吓得夜不能眠，非常焦虑，直到看到首尔大学金兰都教授提炼的一个很有意思的"24 小时人生"模型，这些困扰才稍有缓解。

他将人生等价为 24 小时，假如一个人能活到 80 岁，那么 1 年相当于 0.3 小时，30 岁才相当于上午 9 点，一天才刚刚开始。

这个模型非常简单，但会给人一种豁然开朗的领悟：原来现在并不晚，甚至还挺早！

即使 30 岁还在彷徨、挣扎，也无须绝望，我们自以为的失败、颓废乃至绝望，很多时候只是庸人自扰，只要愿意，我们就会有无数翻身的机会，因为真的来得及。

金兰都出生在 20 世纪 60 年代，他给出的预期寿命是 80 岁。实际上，就像我们前文提到的，对于现在的年轻人来说，预期寿命很可能是 100 岁。

所以，对 30 岁的时间换算可以调整为：

"70 后""80 后"，大约是早上 8 点；

"90 后""00 后"，大约是早上 7 点 10 分。

30 岁，真的挺早。

对于这个模型，有些较真的小伙伴可能会说，人生不同阶段的时间质量是不一样的，老年时间怎么可以与年轻时的时间一视同仁？年轻时的奋斗更为宝贵，年轻时的奋斗才是关键的窗口期！

从时间质量这个角度考量，年轻确实有优势，但这不是绝对的真理，比如美国正在兴起以 60 岁左右人群为首的二次创业潮，这些传统观念中的中老年人群，正散发着积极的生命活力。他们追求成就，追求梦想，仅从创业成果看，他们甚至比年轻人更有竞争力。

时间质量这个问题不太好辩得清楚，这里也不打算展开，因为它不是这个工具的关注点，这个工具的核心价值是通过24小时的类比，把我们从现实生活中拽出来，让我们能够就整个人生的时间框架，思考当下的生活。这样，我们不仅能够看清自己当下的位置，而且具备了时间格局，能够更加自信、更加淡定地过好当下的生活，谋划未来的人生，更有勇气坚持自己选择的人生道路。

24小时人生模型，本质上是一种时间格局，将我们从现实囚徒、时间囚徒变成有格局、有眼光的人，从而获得底层的自信和坚定，让我们能坚持去做真正有价值的事，哪怕这件事极少有人在做。

这个工具极其简单，但真正练习后，会带来完全不同的时间体验、心态转变。这里分享几位训练营学员对这个工具的练习体验。

假设我能活到 100 岁，我现在相当于早上 6∶00。站在这
个时间维度，我想告诉自己，我的岁月还很多，不用急功近
利，勇敢去探索、去尝试，而不是受社会风气影响，忽略自
我感受，盲目地和他人争抢名利。急于竞争不会赢，成就他
人不会输，不争一时长短。

（训练营学员）

1992 年出生、28 岁的我，预计寿命 100 岁，按 24 小时人
生模型计算，现在相当于处在早上 6∶45，按我正常作息，这
个时间我还没起床。以前的我，什么事都很着急，着急考证、
着急赚钱、着急找到稳定的伴侣、着急在 30 岁之前把所有该
做的事都做了，好像 30 岁之前有一项事情完不成，我的人生
就废了。

但是，用 24 小时人生模型看，我的人生好像才刚刚起步，
我才刚刚起床。我为啥要那么着急呢？我好像从没认真享受
过生命，从没认真停下来看看路边的风景，从没认真想过自
己真正想要的是什么。以前我一直在被父母、亲友、社会价
值裹挟着向前，一直都在做别人认为对的事，把自己活成了

别人眼中羡慕的样子。但我内心好像并不快乐，我好像从没认真问过自己，这些是不是我真正想要的。

（训练营学员）

我今年38岁，按95岁的寿命来折算，人生已经走了40%；按24小时来折算，我现在是早上9：40的太阳。看到9：40这个时间，我自己还是挺诧异的。粗略算，我以为自己起码在11：00，没想到才9：40。我想对9：40的自己说：还有2小时20分钟，就到了正午12：00，对应的也就是我43岁的年龄，还有5年。这5年将是黄金的5年，在这5年里，我相信我会找到自己心灵的港湾，身心愉悦又能赋能他人；同时也相信12：00后的我将更能发挥自己的光和热，照耀他人，反哺自己。

（训练营学员）

如何找到前进的指南针

——价值观梳理

为什么找到人生的兴趣、激情、方向如此之难？

一个核心的原因就是标准不明确，或者说目的地不明确。我们不知道到底想要什么、到底什么才是真正对我们有价值的。所以，明确价值观对我们极为重要。

那么，该如何明确价值观呢？

这涉及价值观的逻辑。我们的价值观大致有以下 4 个来源。

一是人性的本能，是人性的共通需求。关于人性共通需求的理论较多，但最为著名的是马斯洛需求层次理论。马斯洛将人性的需求分为 5 个层级，依次是生理需求、安全需求、社交需求、尊重需求、自我实现需求。这些人性需求的背后，其实就是我们的价值所在。

二是文化的塑造。文化内化了社会的价值标准，定义了什么是好的、什么是坏的、什么是美的，什么是丑的、什么是有价值的、什么是被唾弃的等。文化通过社会教化的方式，潜移默化地将这些标准植入我们心中。

三是他人的影响。人是社会性动物，我们会受到周围人的影响，尤其是父母、老师、伙伴、榜样等对我们比较重要的人，他们的价值观会潜移默化地影响我们。

四是个人的经历。我们会从真实的生活中明确感知什么是重要的、什么是有价值的、什么是需要追求的，从自己的生活中提炼价值标准。

可以说，我们从很多途径获得了各种各样的价值，比如安全、稳定、成长、挑战、磨砺、实践等，这些价值，每一个都毫无争议是重要的，但诸多价值混杂在一起，就让我们困惑，甚至纠结。比如，在我面临是否辞职的抉择时，多种我认为有价值的重要因素彼此冲突，让我迟迟无法做出决策。

所以，要想明确价值观，不仅要明确哪些东西对我们是有价值的，还要进一步澄清价值之间的关系，将诸多混杂的价值逐步整合成有机的体系，从而真正指导我们的追求和实践。

那么，该如明确我们的价值体系呢？

这个问题看似很难，让人摸不着头脑，但其实很容易，我们只需对其自下而上地澄清和自上而下地梳理。

首先是自下而上地澄清价值观。我们必须在生活中澄清什么是有价值的、什么是自己真正想要的；通过反复思索，逐渐澄清自己的价值观。

其次是自上而下地梳理价值观。在经过反复的价值澄清后，我们明确了什么是有价值的、什么是自己想要的，什么是没价值的、什么是自己不想要的，也在不同价值之间建立了联系，然后通过自上而下地整合，将诸多价值做进一步梳理，构建了明确的价值体系。

这两个过程是相互配合、互为补充的，通过自下而上、自上而下的反复梳理，我们能逐步明确价值体系。

明确价值体系不是一蹴而就的，而是一个长期的过程，一个需要刻意思考、刻意澄清的过程。但这种努力、付出非常有价值，因为一旦明确了价值观，我们就会在价值观的指引下，追求真正有价值的生活，最终获得我们向往的有激情、有目标、有意义的生活。

针对这个问题的两个方面，我设计了对应的实施工具。

如何自下而上地澄清价值观？"我选择……因为……很重要"。

如何自上而下地梳理价值观？价值观筛选。

如何自下而上地澄清价值观

在成长过程中，我们可能很少做主动的选择，要么是父母安排好了一切，要么是随波逐流、人云亦云，这样的生活通常没什么问题，但遇到重要的人生关卡时，比如面临择业、择偶等需要真正遵循内心做选择的情况时，我们就会卡住。因为我们不仅缺乏选择的能力，还缺乏选择的标准。我们不知道自己到底想要什么、看重什么，所以，要么被卡住，要么草率选择，最终深受其害，后悔莫及。

所以，我们要善用选择的力量，要在生活中积极主动地练习选择，通过大量的选择，明白自己想要什么、不想要什么，这不仅是培育选择决策的能力，还会清晰地塑造我们的标准，当我们拥有明确的价值观和标准时，自然就知道兴趣在哪儿、热情在哪儿、方向在哪儿、要走哪条路。这样，在重要的选择面前，我们就有能力做出好的选择。

对于如何练习选择，这里介绍一个工具——"我选择……因为……很重要"。运用这个工具，我们可以在做好选择的同时，自下而上地澄清价值观。

这个工具非常简单，但非常有价值。

比如职场上的"996"。频繁加班让人难以容忍，甚至心力交瘁。除了加班确实消耗精力外，还有很重要的一个原因就是，加班会让人失去掌控感，认为这是老板强迫自己做的，自己不得不做。一旦抱有这种想法，就不仅感觉自己被剥削，还感觉自己很弱小、很被动、很可怜，但又无法反抗，非常无力。

心理上的折磨远超身体上的折磨。

但心理学家弗兰克尔认为：即使在最恶劣的情境下，一个人也有选择的自由。他还据此开创了意义疗法。

即使在最艰苦的环境中，一个人也有选择的自由，更何况在我们日常的生活中。我们有选择的自由，有掌控感，只是我们消极的思维模式让我们失去了这种选择权、掌控感。

我们日常的思维模式是：外部驱动力导致我做出了现在的行为，即"我是受外力支配、压迫的"。比如加班，如果我们认为是老板"压迫"我们，我们不得不加班，我们就变成了外界压力的受害者，会有一种"不得不做"的受害者思维，会觉得自己好惨、好累。

而"我选择……因为……很重要"所培养的思维模式是：我的需求导致我的行为，即"我们的行为是由我们自己控制的"。这会让我们有一种主动的掌控感，也会培育我们自我负责的意识和能力。

我们不妨尝试用"我选择……因为……很重要"这个工具去重新认识加班行为：

我选择努力工作，因为薪水对我很重要，我需要它给我的家人稳定的保障；

我选择努力工作，因为快速成长对我很重要，我希望通过尽可能多的实践、挑战来快速提升能力；

我选择努力工作，因为按时完成任务对我很重要，我希望自己是一个负责任、值得信任的人；

……

在这种思维模式下，加班等同于努力工作，就不是被动的"不得不做"，而是一种主动的选择；我们不再是被动的受害者，而成了积极的行动者、支配者，是对自己行为负责的人。久而久之，我们不仅能磨炼出选择的能力，还会慢慢成为一个内心强大的人。

这种思维转变是非常关键、非常有价值的，这里分享几个学员练习使用这个工具的体验。

我选择每天早起锻炼，因为我想要健康的身体，想要以后享有更优质的老年生活，这对我很重要。

我选择每天晚上洗碗，因为我想帮爱人减轻一些负担，这有助于我们建立良好的亲密关系，这对我很重要。

我选择每天晚上给小女儿洗澡，因为我想给女儿更多的陪伴和照顾，我想要健康的亲子关系，这对我很重要。

我选择戒烟，因为我想要健康的生活方式，我想要健康的身体，这对我很重要。

（训练营学员）

我选择写作，因为文字表达对我来说很重要；因为让思维有序化对我来说很重要；因为通过文字认识自己、了解自己，对我来说很重要；因为长期写作带来的自信对我来说很重要；因为把自己的经验以文字呈现、让后人少走弯路很重要……

（训练营学员）

原本可能令人不快的洗碗、戒烟以及可能经常觉得枯燥的写作等，在经过"我选择……因为……很重要"的澄清后，我们打破了消极被动的心态，重新找回了主动权，而且能看清行为背后的价值和需求，并与之建立联系。任何投入都是为了获得行为背后更大的价值与意义，我们会更加投入、更加坚韧、更加激情满满地坚持！

如何自上而下地梳理价值观：价值观筛选

"我选择……因为……很重要"这个工具很有价值，可以帮助我们探索、澄清自己的需求，看清什么是对自己真正有价值的，这是一种自下而上的澄清。

这种澄清是非常精确的，但需要长时间的积累。这里介绍一种非常快速的方式，是自上而下地梳理，这种方式见效非常快。虽然在精度上有所损耗，但它能让人对自己很快有个定性的了解，这是很有必要的。

你的价值观是什么？

心理学家列举了一份价值清单：

接纳 公平 爱 负责 信念/信仰 忠诚 冒险 家庭 专注力 艺术/音乐 自由 自然 体育 友谊 开放 庆祝 有趣 耐心 挑战 慷慨 和平/非暴力 合作 感恩 个人成长 承诺 幸福 宠物 社区 努力工作 政治 同情 和谐 积极影响 能力 健康 实用性 写作 助人 解决问题 勇气 诚实 可靠 创造力 荣誉 足智多谋 好奇心 幽默 自我同情 纪律 独立 自力更生 发现 革新 简单 效率 正直 优势 热情 互相依赖

传统 平等 欢乐 信任 伦理 领导力 意愿 优秀 终身学习 智慧

通常而言，我们的追求不会超出这个范畴，所以，从这个清单中筛选我们看重的价值即可。操作方法也很简单，就是从上面的价值中，筛选3个。

为了达到更好的练习效果，我们不是从上述价值中直接筛选3个，而是把这些"价值"放到文档中，然后从中逐一删除不重要的。删除一遍之后，可能仍会留存很多，保留这个结果，从剩余部分里再次删除，依此类推，多次重复，直到只剩下3个。

筛选出3个之后，回答下面两个问题。

（1）为什么这些价值对你如此重要？

（2）在生活中，为了践行这些价值，你可以做什么？

下面我们就来探讨一下如何构建自己的人生价值体系，形成自己的价值观。

1. 澄清需求，看到我们真正想要的

这个删减的过程，其实就是在澄清我们的需求。澄清需求，我们才能看到我们真正想要的。

大家在第一次做删减时，感觉非常容易，如图 4-4 所示。

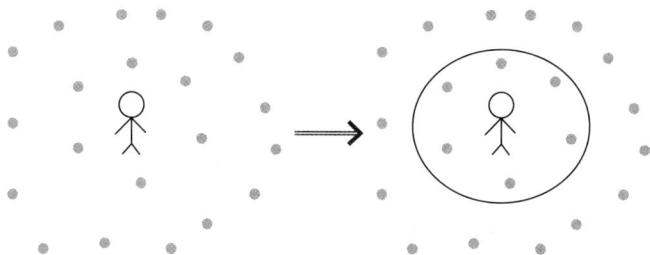

图 4-4　澄清自己的需求

如果不做筛选，我们会搞不清楚自己的真正需求，认为自己看到的、偶尔想到的、他人灌输的（尤其是商家广告不遗余力灌输的），都是自己的需求，这会导致注意力分散，没有方向，无法聚焦，不知道该追求什么；人云亦云，跟着大家盲目追求，突然有一天发现自己追求的、获得的，都不是自己真正想要的，此时就会陷入迷茫。

通过初步澄清，也就是第一次删减，多数需求会被删去，只剩下少数需求，我们得以对自己真正想要的价值初步聚焦。

在澄清的过程中，我们甚至会打破固有认知，重新认识自己，比如下面这个学员的回答。

经过澄清发现，我的三个价值观是"解决问题""好奇心""独立"。这是出乎我意料的答案。在第一次看到清单的时候，我觉得我肯定会留下"接纳"和"勇气"这两个词。现实生活过得颓废，我觉得要有勇气才能拯救自己，让自己不惧失败，勇敢尝试改变和新事物，然后在改变的过程中了解自己、接纳自己，从而迎来新生活。没想到澄清后结果是这样的。

（训练营学员）

这是对自己的再次认知，这种调整，价值是巨大的。

2. 构建需求体系，集中发力

在几次删减之后，清单中往往还会留下 5~10 个词，这些是特别纠结的需求，每个都是自己想要的。这时候再做删减，就非常困难。

但如果一定要删减，我们大脑就会做排序，在这些需求之间建立联系。

在做选择的时候，我发现其中的一些价值观是另外一些价值观的"基石"，是最底层的。换句话说，自己有了这个价值观，而这个价值观会"孵化"出另外的价值观，也就是说，拥有了这个价值观就等于拥有了更多的价值观。

（训练营学员）

通过这种必须删减的压力，我们就会重新寻找不同价值观之间的联系，这样，价值观就有了体系，而价值观体系可以真正地指导实践。

这非常关键。零碎的知识创造的价值有限，零碎的价值观也是。

完成删减后，个人的价值体系就构建起来了，如图4-5所示。

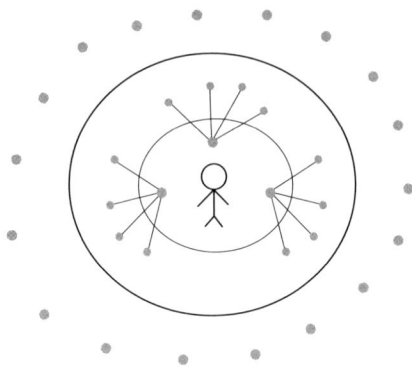

图 4-5　构建个人价值体系

3. 聚焦方向，变得勇敢

一旦知道了自己的核心价值、核心需求，我们就会努力追求，就会变得勇敢、变得开放、变得勇于尝试，因为，我们看得越清楚，行动就越坚定。

这是价值观筛选练习的核心作用、核心价值。

你原本的价值观可能是飘忽不定的，但通过这样的小练习，你能夯实你的价值观，这很有指导价值。

4.一年或几年练习一次，你会看到自己的改变

也有学员多次参加训练营，分享了多次做这个练习的价值。

记得很清楚，第一次做这个"价值观筛选"是在大三上学期，我正处于保研准备阶段。那段时间我遭遇了各种挫折，对人生感到很迷茫。于是我开始做这个练习，当我写下自己的一个个价值观时，我发现自己虽然身处逆境，但内心深处仍会因为找到了自己认为更重要的、更有价值的东西而收获安全感和平静感。

经过多次这样的练习后，当我再次面对现实中原本以为非常重要的得失时，内心便不再纠结，我收获了选择的勇气。

（训练营学员）

价值观探索，是我们自我认知路上的一个很重要的指南针。通过转变价值观，我们可以看到自己需求的转变，看到自己的成长。

我们的需求会随着我们的满足而发生变化，我们的价值

观也是如此。价值观在短时间内是稳定的，但随着我们的努力和付出，我们追求的部分价值就会实现，然后我们会去追求新的价值。所以我们需要定期做这个练习，不断梳理我们的价值观，让它指引我们不断前进。

如何找到具体的人生目标

——10分钟找到人生目标

上一节，我们探索了抽象的价值观，也就是我们真正渴望的人生价值，它是指引我们前进的指南针，对我们非常重要。但是我们知道，这些价值是非常抽象的，比如智慧、成就、魄力，它们仅指向目的地，没有明确的路径和方向。要实现这些价值，我们需要探索具体路径和方式，也就是我们通常所说的人生目标。这是一种非常个性化的实现价值的方式，比如有些人想成为企业家，有些人想成为学者，有些人想成为优秀的父母等，因人而异。

那么，如何找到具体的人生目标呢？

斯坦福大学为这个问题专门开设了一门课程，该课程的两位老师将系统的探索方法写成了一本书，即《斯坦福大学的人生设计课》，书中介绍了以设计者的思维寻找人生目标的方法。

第一，要确立人生的指南针，也就是确立我们的人生观、工作观。

第二，要"寻路"，也就是探索实现有价值的人生的方式。这本书介绍了一种设计者的寻找方式，就是大量记录生活中的美好时光，也就是生活中让你真正投入的事情、让你充满能量的事情、让你产生心流的事情，然后，针对这些事情做发散性思维，思考以这些事情设定人生目标的各种可能。

第三，做筛选。第二步的发散过程会产生大量的结果，甚至是天马行空、不着边际的结果，这也是发散性思维所倡导的。在有了大量的结果后，就要做评估，排除明显不可能的，留下3~5个可能的方案。

第四，做原型体验。也就是针对可能的3~5个方案，利用互联网思维，快速迭代，具体而言，就是做原型实践。比如某个方案是成为心理学家，那就要尽可能去和心理学家或者熟悉这个领域的人交流，了解心理学家的生活和工作是怎样的，并尽可能地寻找机会初步体验心理学家的生活和工作，从而快速判断这个职业选择是否真的是自己想要的。

以设计思维寻找人生目标，本质就是在明确价值观的基础上，尽可能地寻找实现理想人生的可能，然后通过原型体验，尽可能地快速尝试，圈定某个或某几个人生方案，然后去认真地实践、验证。

这就是斯坦福大学关于人生设计的基本逻辑。不是很复杂，关键在于实践。这本书也提供了系统的实践方法，这里就不展开介绍了。关于如何找到具体的人生目标，我也有自己的逻辑，下面介绍一下我的实践和思考。

如果我们留意，如巴菲特、乔布斯等事业成功者，都鼓励我们从事自己喜欢的事业，但观察身边的人，其职业基本上无关喜欢，而是"会什么做什么"，准确地说是"学了什么做什么"。

如何找到人生的方向？你只需要诚实地回答以下问题。

什么工作是你忍不住想做的？

你愿意为之付出一生的兴趣、爱好是什么？

这些问题曾困扰我数年之久。

我曾经虽然收入尚可、外表光鲜，但在整个社会快速进步发展、行业竞争白热化的环境中，我却因岗位性质陷入成长停滞。想要追求卓越，但对本职工作缺乏兴趣和价值认同，生活压力又无法提供奋起直追的动力，个人内心非常矛盾、痛苦，进退两难。后来通过一个方法找到了答案，找到了充满动力的人生价值，这个方法非常简单，仅仅需要3步。

第一步，拿出几张空白的纸或者打开一个文字处理软件（我比较倾向于后者），在纸或文档的顶部写上："我真正的人生目标是什么？"

第二步，做加法，尽可能多地罗列人生目标，把能想到的罗列出来，这是头脑风暴的过程，不要拘泥措辞，不要评判愿望是否合理，尽可能多写，至少列举20个目标，越多越好。

第三步，做减法，即逐个划掉相对不重要的目标，直到只剩最后一个。

明晰自己的人生目标，才能整合力量，才能抵御诱惑，才能享受时间的复利。

以上是寻找人生目标的具体方法，与前面的价值观、探索期，共同构成了寻找人生目标的系统方法。这里的方法，在本质上与"斯坦福大学的人生设计课"是相似的，但操作更为简单。当然，有得就有失，简化意味着效能方面可能有所损失（虽然我尚未发现），这其中的得失，大家自行取舍。

这个练习，我一共做过3次，这里我分享下我练习的感受。

第一次做练习是在2014年，当时记录如下。

我的人生追求非常明确，必须全面实现生理需求、安全需求、社交需求、尊重需求及自我实现需求的全面满足。

（1）什么工作是你忍不住想做的？

（2）你愿意为之付出一生的兴趣、爱好是什么？

答案非常明确：心理学学习及实践，个人潜能及精神层面的修养、升华。

第二次做练习是在2018年，记录如下。

　　我渴望做"人"的专家，渴望接触更多的心理学知识，渴望探究未知的心理，渴望探索大脑的秘密，渴望探索人的秘密，渴望探究潜能的秘密，渴望探究人之所以为人、人之所以幸福的秘密，渴望真正了解人的奥秘，渴望每个人的潜能都得到尽情释放、每个人的智慧都结出硕果、每个人的人性都灿烂绚丽！就是它，就是它，就是它！

　　这一次的澄清，对我意义非常大，它让我弄清楚了我真正想要的是什么。曾经我以为我想要的只是心理学，没想到它的范围更大，不仅仅是心理学，还有对人的全面了解。

　　这次澄清让我真正地看清楚了自己的心，让我看到我真正的力量所在，让我明晰了脚下的路，并因此果断做出了辞职的决定。

　　最近一次做这个练习是在 2019 年，我得出的回答是这样的。

　　我想要成为敢于尝试、敢于探索、敢于迭代、精益成长，有大见识、大智慧、大阅历、大人生，有敏锐的体验和观察，

有真实的社会地位和成就，有真正的践行和成长，不断浇灌
人性之树，不断完善人性要素，不断探索潜能、践行潜能的
人性专家。

　　这一次练习的结果同上一次练习的结果大体上是一致的，
这就意味着，我的目标非常明确。回顾我这一年的生活，确
实目标清晰、行为果决，我得以坚定前行。

　　非常建议大家亲自做一遍这个练习，经常有人向我请教
学习的秘籍、成长的秘籍、成功的秘籍、奋斗的秘籍，其实
任何成功都没有秘籍，成功多来自常见的大道理，关键是践
行它们。寻找人生的目标也是如此，我们可能听过很多的理
论，毕竟网络时代，知识基本是没有秘密的，但为什么有些
人能成功，而有些人却一直彷徨蹉跎？关键就是行动。

　　互联网时代，行动者最可贵。

本章小结

如何找到人生的方向和目标？

这是一个人人都想知道答案的问题，但不是一个人人都会亲自寻找答案、去实践的问题，因为这个问题真的需要投入时间和精力，真的要经历内心的煎熬和纠结，真的要走"少有人走的路"，因为，仅仅从以下 2 个数据就可以看出，回答这个问题有多么不容易。

第一，仅少数人在从事自己热爱的工作。

第二，要在人生阶段中增加人生探索期、职业探索期，且这个阶段大约 10~15 年。

平均而言，10~15 年的探索，不是一件简单的事。尤其是，我们是社会人，我们会参考周围人的做法，因为成为"少数人"需要强大的内心以及时间上的安全感，所以，寻找人生方向和目标的前提就是拓展我们的时间格局，缓解我们对时间的焦虑！为此，我提供了一个有力的工具——24 小时人生模型。

当我们真的决定去探索人生目标、职业目标时，我们就需要找到探索的指南针，也就是我们真正的价值渴望——什么对我们真正有价值，什么是我们发自肺腑想要的，也就是我们的价值。

我们通过自下而上与自上而下两种方式，不断澄清、构建我们的价值观，最终找到了前进、探索的指南针。

最后，当我们既能安心探索，又找到了指南针时，我们就要逐步寻找实现人生价值的途径，比如说要实现成就，是希望成为公司高管、创业者，还是成为一个学术研究者？还是以其他方式来获得这种价值？也就是说要找到承载价值观的具体人生目标。

第五章 ｜

如何达到无意志力状态

打造习惯框架的逻辑

为什么要将喜欢的事情习惯化?

前面已经用三重脑理论做了解释。我们认同一件事、渴望一件事还不够,我们要能够不费力,甚至自动化地做这件事,从理性认同到感性渴望,再到实际行动,在三个层面协调一致,放大一件事情的效能。

比如读书,从应该读书到喜欢读书,到形成读书习惯,其阅读的效能完全是不一样的。一件具体的事情是这样,复杂的目标更是这样、更需要通过系统的规划,打造框架体系,让整个过程系统化、规范化、流程化,乃至自动化地展开。

那么,如何将追求目标的过程习惯化?

这个问题看似很复杂,其实有明确的答案。意志力体系本质上就是确立目标、追求目标的框架，所以，要想将追求目标的过程习惯化，本质上就是将意志力的工具体系习惯化，即将一个个工具内化为自然而然的习惯。

以我为例，我渴望成为一个心理学践行者，这既需要理论学习，也需要理论实践，所以，我要读书、写作、成长，也要生活实践、商业实践，于是，我将读书、写作这两件关键事务规范化，养成了每天固定阅读、固定创作的习惯；同时，"每周动态可视化＋每天艾维李法则"以及"每周一记＋感恩日记"这两个工具体系，又能让我充实地过好每个当下。另外，在推进目标的过程中，坚持记录，通过记录保持清醒（元意志），随时调整自己的行为和方向，在遇到困难、挫折和拖延的时候，及时调整自己的心态（现实心态、过程心态、成长心态）。通过这套工具体系，也就是习惯体系，我可以有条不紊地朝着想要的人生迈进。

所以，意志力的小工具，不仅仅是具体的方法、策略，更是需要内化的习惯。因此，追求目标过程习惯化的问题就可以被细化为如何将这些工具内化为习惯，也就是将问题化整为零。

如何培养一个习惯?

《习惯的力量》和《掌控习惯》这两本书对这个问题的解答非常清晰,这里我用这两本书的逻辑来回答这个问题。

习惯包括 4 个环节,分别是:提示、渴望、行为、奖励。

提示线索,让我们产生渴望,从而触发自动化行为,然后我们从自动化行为中获得奖励,这种奖励会进一步强化我们对习惯的渴望。

这 4 个环节构成一个循环的过程,任何环节缺失,都会导致习惯被打破,无法维持。

这里分享一位训练营学员梳理的关于感恩日记习惯养成的逻辑。

(1)晚上上床睡觉前,记录感恩日记,这是感恩日记习惯的提示线索。

(2)记录感恩日记可以梳理一天发生的事情,可以获得滋养,可以提炼"小成功"背后的逻辑,可以逐步滋养自尊、自信,可以让一天有一个完美的收官……这些都是对感恩日记这个习惯的渴望。

（3）按照感恩日记的形式，具体记录感恩日记，这是习惯的行为。

（4）记录完感恩日记，感到很满足、很有成就感，对一天的生活有了全新的发现，这些即时的成长、收获、感受，就是习惯带来的奖励。

提示、渴望、行为、奖励，这是习惯养成的 4 个环节，《掌控习惯》中的 4 个定律也和这 4 个要素一一对应。

第一定律：如何让它显而易见？也就是如何增加提示线索的曝光度。我们看到的机会越多，习惯被触发的概率也就越大。这里列举书中介绍的 3 个方法。

（1）分析现有习惯的提示线索，然后刻意地管理这些线索。

（2）利用"如果 X，那么 Y"的执行意图，通过罗列尽可能多的 X，让习惯更容易被触发。

（3）通过在环境中增加提示线索，让习惯自然被触发。

第二定律：如何让它充满吸引力？也就是增加我们对习惯的渴望。唯有渴望，才能真正为习惯的触发提供动力。书中提供了很多方法，这里列举其中的 3 个。

（1）喜好绑定。就是把需要做的事与想要做的事绑定，比如跑步后方可玩游戏，学习后方可刷抖音，等等，这样做可以增加一件事的吸引力。

（2）习惯的传播。亲近的人、群体中的多数人以及权威人士，会潜移默化地影响我们的习惯（这也是下一节的重点），靠近有优秀习惯的人，我们能改变旧习惯，养成新习惯。

（3）躯体标记理论。通过躯体标记理论，我们可以将习惯标记为好的、喜欢的、感受愉悦的。

第三定律：如何让它简便易行？这里列举书中的 3 个方法。

（1）重复。尽可能多地重复，熟能生巧。

（2）最省力法则。尽可能地简化执行流程，减少执行阻力，使之更容易执行。

（3）两分钟法则。尽可能将习惯分解，一个习惯的启动只需要2分钟，甚至更少，通过2分钟的小成功，我们会更乐于开始和坚持。

第四定律：如何让它令人愉悦？这就涉及为养成习惯而设置激发办法，这里列举书中的3个方法。

（1）利用增强法，完成一套习惯动作后，奖励自己。

（2）积极的反馈。可视化我们的进步，以此增强我们的积极感受。

（3）伙伴问责。邀请其他人监督自己，借助他人的力量。

养成习惯的4个定律非常清晰地展示了习惯养成的逻辑，这个逻辑不复杂，关键在"知"，然后才能"行"，这正是意志力的用武之地。

第二节

核心习惯的力量

我们希望养成尽可能多的好习惯，但改变现状是需要付出时间和精力的，对于习惯的养成尤其如此。培养一个习惯，在初期尤其需要刻意坚持，所以，要想养成习惯，不能求快求多，而要在尊重现实的基础上，一次养成一个习惯。好的习惯有很多，但我们的时间、精力是有限的，所以要有所选择，尽可能将宝贵的时间、精力花在更有价值的习惯上，花在一份投入能有两份收获，甚至十份收获的习惯上，也就是养成核心习惯。

所谓核心习惯，就是能够带来连锁反应的习惯，它如同一个支点，能够撬动整个生活发生连锁变化。比如，心理学家做过一个关于减肥的实验，对比节食、运动和记录饮食三种减肥方式的长期效果。令人惊讶的是，实验结果表明，记录饮食组的减肥效果最好，最为持久。

记录饮食这件事情本身并不需要太大的努力，而且看似和减肥没有很大的关系，但记录饮食如同一个支点，让我们看到每天吃了多少，也让自己持续关注体型变化，从而自动调整自己的行为，然后带来连锁变化。

这就是核心习惯的魅力——将有限的时间和精力投入核心习惯，从而开启高效的改变。

对于核心习惯的培养，我分享一下个人的经验和感受。我总结了一下，有十几个很有价值的习惯，可简单地将其划分为两大类。

行为层面：记录、写作、阅读、运动、定期沟通……

思维层面：成长性思维、要事第一、以终为始、迭代思维、双赢、目标规划……

虽然每一个习惯都来之不易、都极其有价值、都对我的人生产生了巨大的影响，但是，如果只选一个核心习惯，那么答案毫无疑问是"记录"。

我想，如果没有记录，我就不会成就今天的自己。2014年9月，我开始了第一次记录，写了第一篇日记，从此，一发不可收拾。从最开始的单纯写日记，慢慢增加了每周一记、目标日记、成功日记、反思日记、意志力笔记、情绪笔记……现在我有十几个文件夹，存放着各种类型的笔记。这些笔记帮助我厘清了目标，找到了实现目标的路径，给了我坚定践行的信心和力量。

记录，真正引导了我的改变、见证了我的改变，也真正促成了我的改变。

我认为，每一种记录都有相应的价值，比如，意志力笔记让我掌握了意志力能力，情绪笔记让我掌握了情绪能力，教练计划笔记让我探索并形成了教练能力，等等。除了每一类记录的具体价值，记录还给我带来了简单但意义重大的价值：看到。

我们最大的问题不是不会做、不想做，而是根本不知道哪里出了问题、为此要做些什么。记录可以让我们"看到"生活的方方面面，"看清"自己的所作所为，"看到"哪里有问题、哪里有不足。当我们真的"看到"了，我们自然就会去调整、改变。自然而然，毫不勉强。

看得越清楚，行动就越坚定、有力。

从 2014 年 9 月开始，我通过记录，看到了自己的生活，越来越清晰地看到自己的状态，看到自己的问题，所以，我尝试改变，尝试去读书、去思考人生目标、去锻炼、去定期沟通等，然后自然而然地养成了这些习惯。

可以说，记录是我现有习惯的"母习惯"，是"习惯之母"。通过记录，我源源不断地养成新的习惯，在这些习惯的框架下，我成了与过去完全不同的我。

本章小结

如何达到无意志力状态?

本章重点围绕习惯的逻辑展开,介绍了"习惯养成的4个环节"及"核心习惯"的概念,让我们得以将宝贵的时间和精力用来培养更有价值的习惯,并力求培养能够源源不断地产生新习惯的"母习惯"。

习惯包括4个环节:提示、渴望、行为、奖励。这4个环节构成一个循环的过程,任何一个环节缺失,都会导致习惯被打破,无法继续维持。提示线索,让我们产生渴望,从而触发自动化行为,然后我们从自动化行为中获得奖励,这种奖励会进一步强化我们对习惯的渴望。

所谓核心习惯,就是能够带来连锁反应的习惯,它如同一个支点,能够撬动整个生活的连锁变化。

第六章 —

还有什么在深刻影响着我们

三重脑理论揭示了影响我们的三种力量，即：

理性脑的力量，指的是理性、意识的力量；

情绪脑的力量，也就是情绪、感受的力量；

本能脑的力量，这是本能、自动化的力量。

三重脑各行其是，共同影响着我们的行为。我们希望整合这三者之间的关系，实现"三脑合一"，充分发挥全脑的潜力，这也是我们孜孜以求的。但在实际生活中，这三者常会彼此冲突，不仅造成内心的冲突，还让我们无法有效前行。

但不管这三者关系如何，它们都只是影响我们的内部力量，而影响我们行为的，不仅仅是内部力量，我们还会受到外部力量的影响。

很显然，我们生活在群体、环境之中，身边的人会影响我们，所处的环境也会影响我们。

这个道理非常浅显易懂，甚至都不需要展开去说，但在本书写作的过程中，我充分意识到他人、环境的巨大力量，这种力量不亚于"三脑合一"的力量。

本书于 2020 年 7 月开始创作，写了一个多月，进展极为缓慢；后来因为其他事情，我不得不停下来，直到 2020 年 12 月，才再次开始动笔去写，但写了半个月，不仅进展极为缓慢，而且让我有点"怀疑人生"。

机缘巧合之下，我与一位做自媒体的朋友组队在图书馆学习，此时，我势如破竹，2021 年 1 月，仅仅一个月的时间，这本书就基本完成了。

这又快得让我感到不可思议！

这前后的巨大差异，到底是什么原因呢？

回顾这三段创作经历，答案跃然纸上，就是：他人与环境。

在前两段写作过程中，我为了尽快成书，独自一人在家闭关，从早上 7 点开始写，大约到上午 10 点，这段时间内，我的效率还是不错的；10 点之后，我内心就冒出了各种想法，想玩会儿手机，玩会儿电脑或者歇一歇；在刻意的控制下，勉强写到中午；午餐之后，觉得上午写得这么辛苦，应该好好犒劳一下自己，就忍不住想玩会儿手机，但经常玩着玩着就耽误了午睡，导致下午精神很差，没有办法继续创作，进而引起内心的自我责备……

每天的创作都令我非常纠结。我看起来很努力、很用力，但效果很差。每天用于写作的时间有六七个小时，但真正有效的时间大约只有三四个小时，真的非常低效。

而在图书馆，因为有朋友的陪伴，还有图书馆的学习氛围，我会很投入地学习，心中没有任何杂念，只有在累的时候才起来活动下或者趴在桌子上休息一下，其他时间，要么创作，要么看书，非常高效。一天真正工作的时间大约 10 个小时，而其中七八个小时被有效利用了。

为何仅仅换个环境、有人同行，就会发生如此翻天覆地的变化？像我这样一个自诩意志力高手的人，而且在做自己喜欢的事情，也利用了规范去自动化创作（即已养成写作习惯），可以说，我已经整合了三重脑的力量，那为何还是如此低效？

这就涉及意志力的一个重要特性，即意志力的自我损耗理论。我们的意志力就如同肌肉，我们的每一次刻意控制、每一个决策、每一次纠结，都会消耗意志力。当我在家闭门创作时，我一直在和自己作斗争，每时每刻都在消耗意志力，比如，决定是创作还是玩手机，是创作还是休息，是玩手机还是睡觉，等等，一系列决策、一系列控制，让意志力大幅消耗，加上创作本身也是一件耗费意志力的事情，就这样，我的意志力被快速消耗，这非常容易导致行为失控。

而在图书馆，有朋友的督促，这从根源上杜绝了内心的决策纠结，而且这种环境营造的氛围也会潜移默化地促进我们去学习、去创作，给予我们源源不断的动力滋养。

我们要重视个人意志的力量，但更应重视他人、环境的力量，二者互为补充，缺一不可，这是我在创作这本书的过程中最大的收获。

所以，我们要重新认识这两种力量，即他人的力量与环境的力量。

他人的力量

他人对我们的影响，是社会心理学的中心主题。关于这个主题的研究非常多，比如他人的奖赏、惩罚会影响我们，他人的权力会影响我们，他人的期望会影响我们……这里我们重点要探讨的是，他人对自我控制的影响。

自我控制，指的是一个人控制自己的能力，包括抵御诱惑、延迟满足、达成目标等，而这正是我们希望借助意志力达到的效果。

既然意志力是主动控制的过程，那么他人是如何影响我们进行自我控制的呢？主要有以下两方面内容。

1. 他人会激活我们的自我控制

美国心理学之父威廉·詹姆斯（William James）指出，自我是个人宇宙的中心，这句话高屋建瓴地指出了自我对每个人的重要性。

我们认为自我是封闭的、独立的，是与他人无关的，但其实，这是极大的谬误。自我与他人有关，甚至自我就是建立在他人的基础上的。

自我，是社会心理学的开篇第一章，而非个体心理学的内容，因为自我源于与他人的互动。在与他人的互动中，人们发现你我有别，于是才有了自我、他人的区分；如果这个世界只有我们自己，那就没必要区分你我了，自然也就没有自我了。

就好比演讲恐惧，如果一个人自己对着空荡荡的房间演讲，我想任何人都不会恐惧。之所以恐惧，不是因为害怕演讲这件事，而是害怕演讲时台下坐着的观众。有台下他人的存在，我们才在乎自己的表现，害怕自己表现不好，因此产生了恐惧。

所以，他人的存在会凸显自我，并激发一个人的自我控制。心理学的实验也证明了这一点。

心理学家在公司休息室放了一个"诚实冰箱"，员工从冰箱中拿饮料时，需要主动放钱。心理学家设置了三种不同的场景：第一种是墙上仅有一张价格海报，第二种是在价格海报上画了一些花，第三种是在价格海报上画了一双眼睛。实验数据表明，与用花朵装饰的价格表相比，画有眼睛的价格表使员工主动放钱的概率提升了276%。类似的实验在公共食堂也做过，"眼睛海报"使乱丢垃圾的情况减少了几乎一半。[①]

不仅他人的存在会激发自我控制，我们自己的存在也会激发自我控制。

心理学家对儿童做过一个实验，实验人员允许儿童从盛糖果的碗里拿一块糖，然后假装有事出去，让儿童自行去拿。实验设置了两个场景，一个场景只有盛糖的碗，另一个场景在碗旁边放一面镜子，让儿童在拿糖时能看到自己。实验结果表明，没有镜子时，大约一半的孩子会不止拿一块糖，而当有镜子时，只有不到10%的儿童多拿了糖。[②]

---

① 该实验参见《社交天性》。
② 该实验参见《社交天性》。

仅仅一面镜子，就能激发儿童的自我控制、克服多拿糖的冲动，这就是"存在"的价值。不管是他人的存在，还是自己的存在，当我们感受到"有人存在"时，我们的自我控制就会被自动激活，从而调控我们的行为。

以上是从自我的角度，也就是心理学的角度，论述了他人的存在对自我控制的影响。其实，进化心理学家走得更远，已经从进化的角度解释了他人与自我控制演化的关系。

我们为什么会进化出自我控制？

社会心理学家马修·利伯曼（Matthew Lieberman）在《社交天性》一书中提到了自我控制的进化逻辑。

因为我们是社会人，我们是在群体中生活、是与他人一起生活的，所以，我们必须要控制自己遵守群体的规则，遵守与他人的相处之道，控制自己不要冒犯他人等，确保自己能在群体中生存下去。

群体生活需要我们有自我控制能力，但我们不是有了自我控制能力才和谐地在群体中与他人相处，而是群体压力让我们进化出自我控制能力，从而更好地在群体中生存。

所以，自我控制的演化在很大程度上源于他人的压力，因此，当他人出现时，我们的自控系统就自然被激活了，不需要我们刻意驱动。

也就是说，他人的存在让我们的自我控制变成一件自然而然的事、一件不太需要努力的事。

这就是他人的价值！

那么，该如何利用这一点来提升自我控制力呢？

一个很关键的原则就是引入一个"存在"，让自己被看见、被凸显，从而自动激活自我控制。这个"存在"可以是某个人，也可以是一群人，甚至可以是自己。比如，在房间里放一面镜子，当我们能经常看到自己时，不管是节食减肥，还是埋头学习，效果都会得到明显的改善；再比如，公开承诺目标，我曾鼓励学员在朋友圈打卡 100 天行动计划，就是让他人帮助我们进行自我控制。

我们要善用他人的力量。

2. 他人会影响我们的信念、价值观

我们为什么会进化出自我意识？

我们一直以为，自我意识是为自己服务的。我们确实会

为自己打算，思考自己的利益，为未来规划，自我意识是为了让自己生活得更好。

然而，马修·利伯曼在其著作《社交天性》一书中指出，自我意识不仅是为我们自己服务的，更是为群体服务的，它是群体的特洛伊木马，将群体的价值观让渡给我们自己。

所以，我们处于什么样的群体中，就会认同这个群体的价值观、世界观、人生观；群体追求什么、重视什么、善恶标准是什么，这些会内化为我们个人的内在标准。

就好像经常有人问，如何认识一个人？

知道一个人处于什么样的群体、有什么样的社交圈子，也就大约能了解他是怎样的人，因为他会内化所在群体的三观。所以有"观其友，知其人"之说。

再比如在大学里，有的宿舍的每个人都很厉害，都能拿奖学金；有的宿舍每个人都喜欢玩游戏，考试不及格，这肯定不是天赋、能力的问题，而是群体本身出了问题。

一个优秀的群体会给我们赋能，让我们自然而然变得优秀；一个消极的群体，不仅不会激励我们，即使在我们打算有所改变的时候，也会拖我们的后腿。

我以前在稳定的平台工作时就是如此，慢慢地温水煮青蛙，当我想跳出去的时候，身边的人各种不理解、各种不支持，而当我真正跳出来、接触到优秀的人后，我真的感觉到了优秀群体的力量。

在"我选择……因为……很重要"这个练习中，我强调了要通过选择塑造我们的价值观，这是自下而上建立价值观的过程。群体的作用，就在于它能够快速自上而下地影响我们的价值观、塑造我们的价值观。如果我们处在一个积极的群体中，认为积极的人生追求、高品质的生活、自律的人生是件很美好的事情，是很有价值的事情，相比处在那些消极的群体、"得过且过"的群体中，我们自然会更有意志力。

近朱者赤，近墨者黑。我们要尽力靠近优秀的人或优秀的圈子，通过他人的影响，不知不觉地完成蜕变。追随一名好的导师，找到一个好的榜样，主动认识优秀的人并与他们接触……我们要借助他人的力量，从最深刻的思维、信念层面，完成蜕变。

环境的力量

毫无疑问，环境会对我们产生巨大的影响，这种影响是复杂的、全方位的、系统性的。关于环境对我们的影响，也形成了一个专门的学科，即环境心理学。围绕自我控制，环境对我们的影响主要有以下 3 个方面。

1. 环境会影响我们的人格

大到一个城市、一个地区，小到个人，不同的环境会塑造不同的人格。其实，我们所处的微环境，不管是工作环境、生活环境，还是学习环境，都对个人人格的形成有所影响，这也是环境心理学的一个重要研究领域。

剑桥大学和得克萨斯大学曾经联合发起了一个心理学研究项目，分析北美和英国不同城市地区的大五人格，并从大量样本中进行抽样调查，证实了不同城市有不同的大五人格。大五人格有以下 5 个人格维度。

宜人性：令人愉快的、舒服的、赏心悦目的；

外倾性：积极的、爱社交的倾向；

开放性：探索欲、好奇心，有创造力；

尽责性：主要是责任心和自律性；

神经质：主要是情绪的稳定性，即是否易焦虑、冲动等。

宜人性、尽责性、神经质都与自我控制有关。

说个简单的微环境，就是我们的书桌、房间。如果书桌、房间很乱，我们的心情和工作效率就会受到影响，这是因为，凌乱的环境本身会给我们暗示。

2019 年 6 月，我找工作室的时候，有一个写字楼，我刚一进门就感觉有很强烈的压抑感。我问了同行的朋友，他们也有同样的压抑感，所以，就宜人性方面而言，这个办公地点肯定是不及格的。我匆匆看了里面的布局和工作环境，整体感受非常差，所以毫不犹豫地"逃离"了这个地方。

从大的工作环境讲，我曾有一份稳定的工作，在外人看来工作轻松，社会地位也不错，但稳定、安逸、一眼就能望到头的生活，可能打击一个人的上进心，也很影响自控力，有的人会变得安逸、不思进取。后来，我辞职跳出这个环境，融入创业圈，虽然有阵痛，但心真的很自由、很有活力。一群志同道合的人相互扶持、相互激励，动力十足地朝着梦想前进，这种感觉真的很好。

再说下我们生活的城市。对比我个人比较了解的城市，感觉深圳更有活力。

无论是我们个人的感受，还是心理学的统计，以及环境心理学研究，其结果均表明，我们的环境真的会影响我们的行为和意志，所以，我们需要刻意地评估一下自己的环境，看它是否影响了我们的心态、人格及自我控制力。

2. 环境会触发特定的行为

斯坦福大学说服实验室的创立者福格（Fogg）提出一种行为模型，即 Fogg 行为模型。福格认为人的行为（Behavior，简称 B）由 3 个要素组成，分别是动机（Motivation，简称 M）、

能力（Ability，简称 A）和提示（Promt，简称 P），这个模型意
指，一个人要做出某个行为，必须具备以下 3 个条件：

（1）有足够的动机；

（2）有做这个行为的能力；

（3）提示。

福格将这三者的关系提炼为一个公式：

$$B=MAP$$

也就是说，我们之所以会做一件事情，不仅和能力、动
机有关，还和特定的提示有关。

比如，我家客厅有台电视，每次回家我都很纠结：要不
要打开。虽然刚开始能控制，但久而久之就养成了习惯，一
回家就躺在沙发上看电视。后来，我把电视移走了。刚开始
有点不适应，但后来也就无所谓了，再后来，我在沙发周围
放了很多书，躺在沙发上无聊时，就会看书。

这就是提示的价值。是看电视还是看书，其实并不一定
要跟自己较劲，有时候仅仅改变一下环境就可以。简单的改
变就能带来不同的生活模式：从边看电视边自责变为积极地
学习和成长。

我们的环境有积极的提示，也有消极的提示，我们需要盘点下自己的环境，找出并加强积极的提示，同时尽可能铲除消极的提示。

3. 环境会塑造我们的行为

心理学家津巴多做过一个著名的心理学实验。

津巴多征集了一批斯坦福大学的学生，通过抛硬币的方式将大学生志愿者随机分配扮演"狱警"和"囚犯"。实验计划进行两周，实验人员没有告诉志愿者如何扮演"囚犯"和"狱警"，但志愿者们很快就进入了状态，其行为特征高度符合社会对这两种角色的预期，短短几天就创造出真实的监狱的感觉。

这个实验证明了环境的力量。社会心理学家认为，在某一特定情境下，我们的部分表现由人性、品性决定，但情境本身更能预测一个人的行为，且这种影响往往是决定性的。

国外一些捉弄人的节目非常清楚情境的力量，并以此娱乐大众。有一期节目叫"电梯游戏"：一个正常乘客进入电梯后正常面向前方，后来陆续上来 5 名节目组安排的乘客，他们进入电梯后都背对电梯门，此时，滑稽的一幕出现了——那个乘客经过一番挣扎后，也默默转过身背对电梯门。

这就是环境的力量。

情境，比我们的人格、意志更能预测一个人的行为，更能塑造一个人的行为，这是因为情境本身是有塑造作用的，是有约束行为的作用的。

为什么我们一放假回家就变得很懒，常常不想学习？

从学校到家里，人还是同样的人，所以意志力不可能有太大的波动，问题便出在环境上。很明显，学校氛围让我们觉得学习是一件自然的事，而在家里，没有了学校环境的暗示和影响，学习就变成了一件纯粹靠意志力来推动的事情，就会难以为继。就如同我在家里闭门写作时，内心非常纠结、痛苦，一个人在苦苦坚持、苦苦煎熬，但效果还是很差；而当我去图书馆时，不仅内心平和，而且效率很高，正是环境在发挥作用。

所以，当我们想做一些改变时，不妨考虑一下如何改变我们所处的环境，这也许是更快捷的方式。

环境是我们生活的背景，我们经常会忽视它的存在，但它无时无刻不在影响着我们。我们需要刻意觉察我们的环境，洞察现有环境对我们的影响，并持续打造适合我们成长的优质环境，借用环境的力量，促成自我成长和蜕变！

本章小结

他人或环境等外部力量对我们的影响巨大，我们有必要刻意打造适合我们的成长环境，加入对我们有积极影响的群体，处理好以下 3 种关系：

我与我的关系，也就是我们内心的协调一致，即"三脑合一"；

我与他人的关系，即我们要有健康的人际关系；

我与世界的关系，即我们与环境的关系，我们要在环境中得到滋养。

通常情况下，真正影响我们的重要事情并不多，处理好这些事情，我们就能撬动连锁改变。这些少但重要的事情，正是我们意志力的核心发力点。

用意志力去改变自己、改变现实 ————

意志力红利的逻辑（引言）；

提升意志力的逻辑（上篇）；

意志力高手的逻辑（下篇）。

整本书主要围绕这三个部分展开。至此，这本书完美收官了。整本书我最满意的有两点：一是系统性，二是实践性。

市面上关于意志力的零碎理论很多，百度、知乎随便一搜，相关内容多达几万、几十万条，但作为一个知识工作者，我深知，碎片化的知识对人的价值有限，知识唯有被整理成体系才能真正指导实践。本书从三个逻辑的角度，系统地整理了意志力的理论体系，让我们对意志力有了框架性的了解。

同时，作为一名心理咨询师，我深知理论与实践是两码事。我们需要在它们之间搭建桥梁，从而让理论真正落地。所以，我精心准备了 20 个系统的小工具，20 个能够系统落地的小工具，通过坚持这些小工具，自然撬动意志力的大改变！

简而言之，大理论，小工具。

虽颇有自卖自夸的嫌疑，但我确实挺满意本书的理论体系、实践体系，它们也是我在生活、工作中持续践行、持续精进的意志力体系。这本书稿已经成了我的手边书，我随时实践，随时翻阅，让它们为我的梦想保驾护航。

希望它也能帮助到你。

以上是我对意志力的探索，接下来我要踏上新的征程：

普通人的成长之道；

普通人的精英之道。

成长之道是对内的修炼，是一个人学习、成长、完善自己的必备能力（如意志力、情绪、人际关系、学习力等），从而真正站稳脚跟、有效应对各种挑战的成长过程，这本质上是在"主动改变自己"；

精英之道是对外的修炼，是一个人在现实世界打拼、磨砺、成长并取得真正成就的奋斗过程，这本质上是在"主动改变现实"。

成长之道，精英之道，这两条道路充满激情与热血，邀你一同前往！

致谢 ————

　　一路走来，殊为不易，尤其是这本书的出版，更是我心灵成长和现实发展道路中一个里程碑式的成果，对我意义极为重大。这个过程，固然有我个人的努力，但更离不开身边很多人的支持和赋能！

　　首先，最应该感谢的是我的父母。他们都是朴实的农民，仅从现实角度看，他们只是普普通通的农民，一辈子平淡无华，但在他们的内心深处，却从未放弃对美好生活的向往和追求，而且一直在默默地付出、努力。正是他们的言传身教，让我从小就有了要做出一番事业的抱负和决心。在这种雄心壮志的激励下，我埋头苦学，成了村里第一个正式的高中生、大学生，打破了初中毕业即外出打工的人生命运；也正是在这种雄心壮志的激励下，在工作之余，我仍孜孜不倦地探索个人成长、个人发展的道路，并最终跳出了稳定的平台，走上创业之路。

其次，我非常感谢一直关注我的 50 多万读者。他们大多是在 2017 年关注我的，但我确实不是一个好的自媒体人，2018 年年初至今，总计才更新了 20 来篇文章，平均一年还不到 10 篇，但即使这样，他们也对我不离不弃，且对我充满期待。正是他们的信任和支持，让我有了全身心探索的勇气，并最终形成了以意志力、情绪、人际关系和学习力为主的 4 个成长体系。真的非常感谢这些最最可爱的关注者们，我想，没有比他们更包容、更理解、更支持、更同频的读者了。

再次，我想感谢我的 12 人教练团队。意志力是一门实践科学，仅仅有理论是不够的，更需要大量实践案例的补充和印证。教练们不仅在生活工作中亲身践行意志力，而且有大量的教学和一对一指导咨询经验，对意志力的理论和实践有着极为深刻的见解。在本书撰写过程中，我得到了他们大量的支持和建议，尤其是多次与小其教练、小醒教练、佟霏教练线下打磨、交流、推演，我得到了极大的启发，得以进一步完善意志力的理论和体系，可以说，这本书是我们共同的作品！

　　然后，我还要重点感谢一个人——《反本能》《暗理性》两本心理学畅销书的作者卫蓝。他是一个极为科学严谨的人，非常重视理论的科学性。在他多次的质问下，我大量考究意志力的概念出处，工具方法的理论依据，这个过程极为漫长、痛苦。可以说，这本书的创作并不难，毕竟有了很多的积累，仅用一个多月的时间就整理完了，但考证却前前后后花了5个多月的时间，这个过程真的很折磨人，好几次都想放弃，因为意志力概念真的很模糊，很难厘清，我一直游走在科学的边缘，但好在坚持下来了！对意志力的考究过程，不仅让我对意志力有了更高层次的理解，而且为意志力注入了坚实的内涵，形成了智商、情商、意志力并驾齐驱的概念创新，从而，让一直被忽视的意志力，重回我们心智舞台的中心，让我们真正开始重视意志力，提升意志力！

　　最后，我要感谢我的编辑素然，她真的是一个很优秀的编辑，在这本书的创作及后期的编排过程中，给了我很多的支持和建议，最终打造出这本我很满意、很有归属感，并让我真的有底气去向粉丝、朋友，甚至家人大力推荐的意志力图书，在她的身上，我看到了专业人员的素质和力量！

其实，要感谢的人还有很多，比如我的咨询师朋友、创业圈朋友、自媒体朋友、中科院心理所的诸多老师和教授等，限于篇幅，恕不一一列举，但真的非常感谢这些出现在我生命中、给了我诸多影响和支持的人，正是在他们的帮助下，我逐渐变成了现在的自己，一个我很满意的自己！

非常感谢，非常幸运，谨以此书向他们致敬！

参考文献

［1］凯利·麦格尼格尔.自控力 [M].王岑卉，译.北京：文化发展出版社，2012.

［2］杨秀君.目标设置理论研究综述 [J].心理科学，2004(1)：153–155.

［3］罗伊·鲍迈斯特.意志力 [M].丁丹，译.北京：中信出版社，2017.

［4］汉斯－乔治·威尔曼.意志力心理学 [M].马博，译.北京：中国人民大学出版社，2018.

［5］中国心理卫生协会.心理咨询师（基础知识）[M].北京：民族出版社，2015.

［6］理查德·格里格.心理学与生活 [M].王垒，译.北京：人民邮电出版社，2003.

[7] 海蒂·格兰特·霍尔沃森.如何达成目标[M].王正林,译.北京: 机械工业出版社, 2019.

[8] 林崇德.心理学大辞典 [M].上海: 上海教育出版社, 2003.

[9] 加布里埃尔·厄廷根.WOOP思维心理学 [M].吴国锦,译.北京: 中国友谊出版公司, 2015.

[10] 乔纳森·海特.象与骑象人 [M].李静瑶,译.杭州: 浙江人民出版社, 2012.

[11] 史蒂芬·柯维.高效能人士的七个习惯 [M].高新勇,译.北京: 中国青年出版社, 2015.

[12] 大卫·迪绍夫.元认知 [M].陈舒,译.北京: 机械工业出版社, 2014.

[13] 米歇尔·N.希奥塔.情绪心理学(原书第 2 版)[M].周仁来,译.北京: 中国轻工业出版社, 2015.

[14] 乔治·瓦利恩特.精神的进化 [M].张庆宗,译.上海: 华东师范大学出版社, 2018.

[15] 沃尔特·米歇尔.棉花糖实验 [M].任俊,译.北京: 北京联合出版公司, 2016.

［16］安东尼奥·R.达马西奥.笛卡尔的错误 [M].毛彩凤，

　　　译.北京：教育科学出版社，2007.

［17］安东尼奥·R.达马西奥.当自我来敲门 [M].李婷燕，

　　　译.北京：北京联合出版公司，2018.

［18］菲利普·津巴多.态度改变与社会影响 [M].邓羽，译.北

　　　京：人民邮电出版社，2018.

［19］彼得·德鲁克.卓有成效的管理者 [M].许是祥，译.北京:

　　　机械工业出版社，2005.

［20］斯蒂芬·盖斯.微习惯 [M].桂君，译.南昌：江西人民

　　　出版社，2016.

［21］简·博克.拖延心理学 [M].蒋永强，译.北京：中国人

　　　民大学出版社，2009.

［22］范恩.潜力量 [M].王明伟，译.北京：机械工业出版社，

　　　2015.

［23］埃米尼亚·伊贝拉.逆向管理 [M].王臻，译.北京：北

　　　京联合出版公司，2016.

［24］托马斯·M.斯特纳.练习心态 [M].王正林，译.北京：

　　　机械工业出版社，2016.

[25] 海耶斯 . 学会接受你自己 [M]. 曾早垒，译 . 重庆：重庆
　　　大学出版社，2013.

[26] 芭芭拉·弗雷德里克森 . 积极情绪的力量 [M]. 王珺，译 . 北
　　　京：中国人民大学出版社，2010.

[27] 卫蓝 . 暗理性 [M]. 杭州：浙江人民出版社，2019.

[28] 高德伯格 . 大脑总指挥 [M]. 黄有志，译 . 上海：华东师
　　　范大学出版社，2014.

[29] 安杰拉·达克沃思 . 坚毅 [M]. 安妮，译 . 北京：中信出
　　　版社，2017.

[30] 琳达·格拉顿 . 百岁人生 [M]. 吴奕俊，译 . 北京：中信
　　　出版集团，2018.

[31] 布赖恩·费瑟斯通豪 . 远见 [M]. 苏健，译 . 北京：北京
　　　联合出版公司，2018.

[32] 马斯洛 . 马斯洛人本哲学 [M]. 成明，译 . 北京：九州出
　　　版社，2003.

[33] 斯科特·派克 . 少有人走的路 [M]. 于海生，译 . 长春：
　　　吉林文史出版社，2007.

[34] 维克多·弗兰克 . 活出生命的意义 [M]. 吕娜，译 . 北京：

华夏出版社，2010.

[35] 吉姆·洛尔 . 精力管理 [M]. 高向文，译 . 北京：中国青年出版社，2015.

[36] 查尔斯·杜希格 . 习惯的力量 [M]. 吴奕俊，译 . 北京：中信出版社，2013.

[37] 詹姆斯·克利尔 . 掌控习惯 [M]. 迩东晨，译 . 北京：北京联合出版公司，2019.

[38] 菲利普·津巴多 . 路西法效应 [M]. 孙佩，译 . 上海：生活·读书·新知三联书店，2015.

[39] 马修·利伯曼 . 社交天性 [M]. 贾拥民，译 . 杭州：浙江人民出版社，2016.

[40] 布赖恩·利特尔 . 突破天性 [M]. 黄珏苹，译 . 杭州：浙江人民出版社，2018.

[41] 安妮塔·伍尔福克 . 教育心理学 [M]. 伍新春，译 . 北京：机械工业出版社，2015.

[42] B J Fogg. Tiny habits：the small changes that change everything [M].Boston：Houghton Mifflin Harcourt, 2019.